FORSCHUNGSBERICHTE DES LANDES NORDRHEIN-WESTFALEN

Nr. 2333

Herausgegeben im Auftrage des Ministerpräsidenten Heinz Kühn
vom Minister für Wissenschaft und Forschung Johannes Rau

Priv.-Doz. Dr. Wolfgang Krönert
Dr.-Ing. Kong Hwa Lim

Institut für Gesteinshüttenkunde
der Rhein.-Westf. Techn. Hochschule Aachen

Untersuchung der Phasengleichgewichte und Reaktionen im System $MgO \cdot Cr_2O_3 - 2MgO \cdot SiO_2 - 2CaO \cdot SiO_2$

Springer Fachmedien Wiesbaden GmbH 1975

Ursprünglich erschienen bei Westdeutscher Verlag GmbH, Köln und Opladen 1975.
Gesamtherstellung: Westdeutscher Verlag

ISBN 978-3-663-19952-6 ISBN 978-3-663-20297-4 (eBook)
DOI 10.1007/978-3-663-20297-4

Inhalt

1. Einleitung

Die stete Entwicklung vieler technischer Prozesse zu höheren Temperaturen stellt immer schärfere Anforderungen an die Qualität des feuerfesten Materials, insbesondere an Magnesit- und Chrommagnesitsteine. Es hat deshalb das System Al_2O_3 - Fe_2O_3 - FeO - MgO - Cr_2O_3 - CaO - SiO_2 unter den oxidischen Feuerfestsystemen sowohl in technologischer als auch in wissenschaftlicher Hinsicht immer mehr an Bedeutung gewonnen. Da es unmöglich ist, das 7-Stoffsystem als Ganzes zu behandeln, werden in der vorliegenden Arbeit Teile des 4-Stoffsystems MgO - Cr_2O_3 - CaO - SiO_2 untersucht.

Trotz umfangreicher Untersuchungen auf diesem Gebiet sind noch zahlreiche Fragen nicht völlig geklärt, von denen nachstehend einige genannt werden sollen.

1. In welchem Bereich liegt das optimale Cr_2O_3/MgO-Verhältnis, um bestmögliche technologische Eigenschaften des Feuerfestmaterials zu erzielen?
2. Welche Brenntemperatur ist dazu erforderlich?
3. Welche Rolle spielt die Silikatphase und wie hoch darf ihr Anteil in dem Produkt sein?
4. Welche Vorgänge sind für das Zustandekommen der direkten Bindung verantwortlich?

Die Problemstellung der vorliegenden Arbeit ergab sich hieraus wie folgt:

1. Untersuchung der Phasengleichgewichte in den Systemen

   $MgO \cdot Cr_2O_3$ - $2MgO \cdot SiO_2$

   $MgO \cdot Cr_2O_3$ - $2CaO \cdot SiO_2$

   $MgO \cdot Cr_2O_3$ - $3CaO \cdot 2SiO_2$ - $CaO \cdot MgO \cdot SiO_2$

2. Untersuchung der Festkörperreaktionen von

   Cr_2O_3 mit MgO

   Cr_2O_3 mit Mg-haltigen Silikaten

3. Untersuchung der Mikrostruktur von Picrochromit,

   $MgO \cdot Cr_2O_3$,

   als Funktion der Temperatur.

2. Allgemeine Literaturübersicht

Das System MgO - Cr_2O_3 - CaO - SiO_2 wurde bereits in qualitativer Hinsicht von Ford und Rees (1) untersucht. Sie bestimmten die Phasenkombinationen innerhalb dieses quarternären Systems und legten die inneren Konoden fest. Im folgenden sind die wichtigsten Ergebnisse ihrer Arbeit zusammengefaßt (Abb. 1).

Von Cr_2O_3 geht keine innere Konode aus. Chrom (III) -oxid reagiert mit Diopsid ($CaO \cdot MgO \cdot 2SiO_2$), Åkermanit ($2CaO \cdot MgO \cdot 2SiO_2$), Monticellit ($CaO \cdot MgO \cdot SiO_2$) und Merwinit ($3CaO \cdot MgO \cdot 2SiO_2$) unter Bildung von $MgO \cdot Cr_2O_3$.

$CaO \cdot Cr_2O_3$ reagiert mit allen ternären Phasen des Systems CaO - MgO - SiO_2 mit Ausnahme von Merwinit unter Bildung von Picrochromit. Bei der Reaktion mit Merwinit entsteht die Verbindung $9CaO \cdot 4CrO_3 \cdot Cr_2O_3$ (in der Literatur mit "941" bezeichnet). "941" ist kein Bestandteil des Systems, da CrO_3 darin nicht vorkommt. Die Phase $9CaO \cdot 4CrO_3 \cdot Cr_2O_3$ reagiert andererseits mit allen ternären Magnesiumsilikat-Verbindungen unter Bildung von $MgO \cdot Cr_2O_3$. Über diese Zwischenverbindung entsteht also auch bei der Reaktion von Merwinit mit $CaO \cdot Cr_2O_3$ letztlich Picrochromit.
$MgO \cdot Cr_2O_3$ reagiert nur mit $3CaO \cdot SiO_2$ unter Bildung von "941".

Von $MgO \cdot Cr_2O_3$ gehen viele Konoden aus, darunter 7 innere Konoden. Durch diese 7 inneren Konoden wird das ganze System in 21 Phasenfelder aufgeteilt, in denen dieser Spinell in nicht weniger als 19 Feldern erscheint.

Ford und Rees fanden weiterhin, daß mit zunehmendem Kalkanteil in dem MgO-reichen System MgO - Cr_2O_3 - CaO - SiO_2 unter Gleichgewichtsbedingungen folgende Phasenkombinationen nacheinander auftreten.

1. MgO, $2MgO \cdot SiO_2$, $CaO \cdot MgO \cdot SiO_2$, $MgO \cdot Cr_2O_3$
2. MgO, $3CaO \cdot MgO \cdot 2SiO_2$, $CaO \cdot MgO \cdot SiO_2$, $MgO \cdot Cr_2O_3$
3. MgO, $3CaO \cdot MgO \cdot 2SiO_2$, $2CaO \cdot SiO_2$, $MgO \cdot Cr_2O_3$
4. MgO, $9CaO \cdot 4CrO_3 \cdot Cr_2O_3$, $2CaO \cdot SiO_2$, $MgO \cdot Cr_2O_3$
5. MgO, $9CaO \cdot 4CrO_3 \cdot Cr_2O_3$, $2CaO \cdot SiO_2$, $3CaO \cdot SiO_2$
6. MgO, $9CaO \cdot 4CrO_3 \cdot Cr_2O_3$, $3CaO \cdot SiO_2$

Die Verbindung $9CaO \cdot 4CrO_3 \cdot Cr_2O_3$ wird gebildet, wenn das CaO/SiO_2-Molverhältnis > 2 ist.

In der Praxis bestehen basische Steine aus 7 Hauptkomponenten und zwar MgO, FeO, Cr_2O_3, Al_2O_3, Fe_2O_3, CaO, SiO_2 sowie manchmal etwas TiO_2.

Nach White (2, 70, 71), Rait (72) und anderen wird die Kombination der auftretenden Phasen durch das Molverhältnis CaO/SiO_2 bestimmt (Tab. 1). Die Angaben beziehen sich auf feuerfeste Erzeugnisse, die Periklas oder Magnesiowüstit als Hauptbestandteil enthalten. Bis zu einem CaO/SiO_2-Verhältnis von 2 : 1 treten jeweils nur vier Phasen, nämlich Magnesiowüstit, Spinell und zwei Silikate auf. Bei den CaO/SiO_2-Grenzwerten von 0; 1; 1,5 und 2 liegt jeweils nur ein Silikat vor, nämlich Forsterit (CaO/SiO_2=O), Merwinit (CaO/SiO_2=1,5), Monticellit (CaO/SiO_2=1) und Dikalziumsilikat (CaO/SiO_2=2). Bei hohen Temperaturen stimmen diese Verhältnisse infolge erheblicher Mischkristallbildung nicht mehr genau.

2.1 Die Randsysteme im System $CaO-Cr_2O_3$ - $MgO-SiO_2$

2.1.1 Das System MgO - SiO_2 - CaO

Das System MgO - SiO_2 - CaO (3) ist in Abb. 2 dargestellt. Es wurde von Osborn und Muan (4) unter Berücksichtigung neuerer Veröffentlichungen überarbeitet und enthält folgende Phasen:

1. Die Kante CaO - MgO weist nur einen eutektischen Punkt bei ca. 2.300°C und einer Zusammensetzung von ca. 67 % CaO und ca. 33 % MgO auf.

2. Auf der Kante MgO - SiO_2 findet man zwei binäre Verbindungen, nämlich Forsterit, $2MgO \cdot SiO_2$, Fp ca. 1.900°C; und Protoenstatit, $MgO \cdot SiO_2$, Fp ca. 1.557°C.

3. Auf der Kante CaO - SiO_2 liegen vier binäre Verbindungen, und zwar $CaO \cdot SiO_2$, Fp 1.544°C; $3CaO \cdot 2SiO_2$, $2CaO \cdot SiO_2$, Fp ca. 2.130°C; und $3CaO \cdot SiO_2$.

4. In dem System existieren vier ternäre Verbindungen, nämlich

4.1 Diopsid, $CaO \cdot MgO \cdot 2SiO_2$, Fp 1.391°C. Protoenstatit, Diopsid und Wollastonit ($CaO \cdot SiO_2$) befinden sich auf einer Konode. Entlang dieser Geraden bilden sich Mischkristalle.

4.2 Åkermanit, $2CaO \cdot MgO \cdot 2SiO_2$, Fp 1.458°C. Åkermanit ist eines der Endglieder der Melilith-Mischkristallreihe.

4.3 Monticellit, $CaO \cdot MgO \cdot SiO_2$ mit einem inkongruenten Schmelzpunkt von 1.492°C. Periklas, Monticellit, Åkermanit und Wollastonit bilden einen pseudobinären Schnitt.

4.4 Merwinit, $3CaO \cdot MgO \cdot 2SiO_2$ mit einem inkongruenten Schmelzpunkt von 1.575°C. Dikalziumsilikat und Merwinit bilden Mischkristalle.

Das Schmelzverhalten dieser ternären Verbindungen ist kompliziert. Der Temperaturunterschied zwischen den einzelnen Schmelzpunkten sowie zwischen den Eutektika bzw. Peritektika ist nur gering. Innerhalb der Stabilitätsfelder von Diopsid, Åkermanit, Merwinit und Monticellit gibt es insgesamt 19 eutektische bzw. peritektische Punkte und Schmelzpunkte. Die entsprechenden Temperaturen liegen zwischen 1.320°C und 1.575°C. Ricker und Osborn (5) geben 10 Zusammensetzungsdreiecke mit 10 Solidus-Temperaturen an.

Innerhalb des ternären Systems existieren ausgedehnte Stabilitätsfelder von Periklas, Calciumoxid, Cristobalit und Dikalziumsilikat.

2.1.2 Das System $CaO - Cr_2O_3 - SiO_2$

Das System (Abb. 3) wurde von Glasser und Osborn (6) sowie durch Ford und Rees (1) untersucht. Die binären Randsysteme $CaO - SiO_2$, $SiO_2 - Cr_2O_3$ und $CaO - Cr_2O_3$ sind durch zahlreiche Arbeiten weitgehend bekannt.

In dem gründlich untersuchten System $CaO - SiO_2$ treten, wie schon erwähnt, vier binäre Verbindungen auf.

Das System $CaO - Cr_2O_3$ wurde von Ford und White (7) sowie von Glasser und Osborn (6) und Ford und Rees (1) bearbeitet. Es existieren eine binäre Verbindung $CaO \cdot Cr_2O_3$ (Fp ca. 2.100°C), eine pseudobinäre Verbindung $9CaO \cdot 4CrO_3 \cdot Cr_2O_3$, die unter der Bezeichnung "941" bekannt ist, sowie die Phasen $CaCrO_4$ und $3CaO \cdot 2CrO_3 \cdot 2Cr_2O_3$.

Das System $SiO_2 - Cr_2O_3$ wurde von Bunting (8) aufgeklärt. Zwischen SiO_2 und Cr_2O_3 gibt es keine binäre Verbindung. Die primäre kristalline Phase ist im überwiegenden Teil des Systems Chromoxid. Bei hohen Temperaturen bilden sich zwei unmischbare Schmelzphasen.

Innerhalb des ternären Systems $CaO - SiO_2 - Cr_2O_3$ gibt es eine ternäre Verbindung $3CaO \cdot Cr_2O_3 \cdot 3SiO_2$.

2.1.3 Das System $CaO - MgO - Cr_2O_3$

Das von Ford und Rees (1) untersuchte System ist in Abb. 4 dargestellt. Das Randsystem $CaO - MgO$ wurde von Doman und Mitarbeitern (9) untersucht. Es existiert keine binäre Verbindung, jedoch Mischkristallbildung zwischen CaO und MgO.

Das binäre System $CaO - Cr_2O_3$ wurde bereits beschrieben.

Das weitere binäre Randsystem $MgO - Cr_2O_3$ hat die größte Bedeutung für Magnesitchrom- und Chrommagnesitsteine. Als binäre Verbindung dieses Systems tritt Picrochromit, $MgO \cdot Cr_2O_3$, auf (10). Diese Phase wurde bereits 1930 nachgewiesen (11, 12, 13). 1943 machten Wilde und Rees (14) Angaben zum Phasendiagramm $MgO - Cr_2O_3$. Sie fanden keine Mischkristallbildung in dem System. Diese Ansicht hat sich nach neueren Untersuchungen nicht bestätigt. 1964 berichteten Alper und Mitarbeiter (10), daß eine bedeutende Menge von R^{3+}-Ionen (Al^{3+} und Cr^{3+}) in das Periklasgitter aufgenommen werden kann. Bei 2.350°C kann das Periklasgitter bis zu 47 % Cr_2O_3 in fester Lösung aufnehmen, während sich etwa 5 % MgO in dem Spinellgitter lösen (Abb. 5).

2.1.4 Das System $MgO - Cr_2O_3 - SiO_2$

Das ternäre System $MgO - Cr_2O_3 - SiO_2$ wurde von Keith (15) untersucht. Die Diskussion der binären Randsysteme erfolgte bereits. Die Hauptmerkmale in diesem System (Abb. 6) sind:

1. Es gibt keine ternäre Verbindung. Die größten Gebiete des Diagramms bestehen aus den Stabilitätsfeldern des Periklas (MgO), des Picrochromits ($MgO \cdot Cr_2O_3$) und des Chromoxids (Cr_2O_3). Die Stabilitätsfelder des Forsterits, Protoenstatits und Cristobalits befinden sich als enge Zonen vor der $MgO - SiO_2$ -Seite.

2. Innerhalb des ternären Diagramms existieren vier invariante Punkte, die in Tab. 2 wiedergegeben werden.

3. Ein weiteres Merkmal dieses Diagramms ist ein Gebiet, das von der MgO - SiO_2 - Seite bis zur SiO_2 - Cr_2O_3 - Seite reicht, und in dem zwei Schmelzphasen nebeneinander vorliegen.

3. Beschreibung der Untersuchungsmethoden und der verwendeten Apparaturen

Zur Untersuchung der Phasenverhältnisse in heterogenen Systemen kann man statische und dynamische Methoden heranziehen. Bei Silikatsystemen kommen im allgemeinen nur statische Methoden (z.B. Einfrieren des Gleichgewichtszustandes bei hohen Temperaturen durch Abschrecken) in Frage, da diese Systeme den jeweiligen Gleichgewichtszustand nur sehr langsam erreichen. Hierfür sind die im Falle von Festkörperreaktionen nur träge ablaufenden Diffusionsvorgänge, im Falle der Mitwirkung von Schmelzen bei der Einstellung des Gleichgewichtes u.a. deren hohe Viskosität und geringe Wärmeleitfähigkeit maßgebend.

3.1 Hochtemperatur-Röntgenkammer

Die Hochtemperatur-Röntgenkammer (Abb. 7) besteht aus einer Norelco-Heizkammer X-86-N, in Verbindung mit einem Großwinkelgoniometer PW 1050 der Fa. Röntgen-Müller. Die Heizkammer stellt einen geschlossenen Zylinder aus einer Aluminiumlegierung mit einem Volumen von ca. 1.100 cm^3 dar, der mit einem Deckel aus dem gleichen Material verschlossen ist. Gehäuse und Deckel sind wassergekühlt. Das Heizblech wird über einen Regeltransformator durch Widerstandsheizung betrieben und ist an wassergekühlte Kupferblöcke angeflanscht. Nähere Einzelheiten der Apparatur sind bei Krönert und Rehfeld (16) beschrieben.

Es wurde in normaler Atmosphäre gearbeitet, um die Bedingungen der Praxis anzunähern. Eine Anzahl von Versuchen erfolgte mit einem Platin-Heizblech. Um auch Temperaturen in die Untersuchungen einbeziehen zu können, die oberhalb der Einsatzmöglichkeit von Platin lagen, wurden andere Hochtemperatur-Metalle wie Tantal, Wolfram u.a. geprüft. Dabei waren folgende Forderungen an das metallische Heizelement zu stellen. Es sollte

1. einen ausreichend hohen Schmelzpunkt haben,

2. beständig gegen Sauerstoff bei hohen Temperaturen sein,

3. geeignete physikalische Eigenschaften wie z.B. niedrigen Dampfdruck und ausreichende elektrische Leitfähigkeit besitzen,

4. keine chemischen Reaktionen mit der Probe eingehen.

Darüber hinaus mußte gewährleistet sein, daß eine homogene Temperaturverteilung auf der Blechoberfläche herrschte, und daß nach dem Aufbringen der Probe auf das Heizelement optimale Intensitäten der Beugungsaufnahme erreicht werden konnten.

3.2 Diskussion einiger Hochtemperaturmetalle hinsichtlich ihrer Verwendung als Heizelement

In der für die Untersuchungen benutzten Hochtemperatur-Röntgenkammer diente das Heizelement gleichzeitig als Probenträger. Das bedeutet, daß das gewählte Metall gleichzeitig die Bedingungen für den Einsatz als Heizelement sowie als Probenträger erfüllen mußte.

In Tab. 3 werden einige physikalische, chemische und mechanische Eigenschaften von 8 Hochtemperaturmetallen wiedergegeben. Alle beschriebenen Hochtemperaturmetalle mit Ausnahme von Iridium sind gegenüber Oxidation sehr empfindlich. Iridium hat jedoch folgende Nachteile. Es besitzt einen niedrigeren Schmelzpunkt sowie einen höheren Dampfdruck als Wolfram, Rhenium, Tantal und Molybdän. Außerdem ist es durch seine Sprödheit bei Zimmertemperatur schwer zu bearbeiten. Andererseits hat Iridium eine sehr gute chemische Beständigkeit, besonders auch gegenüber Sauerstoff und Oxiden. Aus diesem Grund wird Iridium gern als Heizelement benutzt. Man kann mit dieser Anordnung in Luft bzw. in oxidierender Atmosphäre bis ca. 2.250°C arbeiten. Dabei findet allerdings bereits eine erhebliche Verdampfung von Iridium statt.

Einige Versuche mit Wolfram haben gezeigt, daß es im Vakuum bzw. in inerter Atmosphäre bei höheren Temperaturen in Verbindung mit Oxidsystemen wenig geeignet ist. Picrochromit-Dikalziumsilikat-Mischungen reagieren bei Abwesenheit von Sauerstoff bereits bei ca. 1.500°C mit dem Heizblech. Röntgenbeugungsaufnahmen (Abb. 8) zeigen, daß ein großer Teil des Dikalziumsilikates und des Picrochromits sich zu Kalziumwolframat, Magnesiumwolframat und Chromwolframat umgesetzt hat. Die zugehörige Kieselsäure ist auf den Aufnahmen nicht mehr nachweisbar; sie ist vermutlich als SiO verdampft.

Die folgende rasterelektronenmikroskopische Aufnahme (Abb. 9) zeigt die Reaktionszone zwischen Wolfram und der Mischung. Die großen Dikalziumsilikatkörner zeigen auf ihrer Oberfläche tiefe, parallel verlaufende Kanäle, daneben sieht man korrodiertes Wolframblech.

Tantal schied für die Untersuchungen wegen seiner bekannten Eigenschaft, bereits durch Spuren von Sauerstoff zu verspröden, für die Verwendung als Heizblech aus.

Molybdän erwies sich als ebenfalls nicht geeignet. Versuche mit Rhenium wurden nicht durchgeführt. Die meisten Untersuchungen wurden mit Iridium als Heizblech unternommen.

Iridium stellt einen guten Kompromiß unter den gegebenen Bedingungen dar. Der Schmelzpunkt von 2.454°C, der etwa 1.000°C niedriger als der von Wolfram (Fp 3.410°C) liegt, erlaubt eine maximale Arbeitstemperatur von ca. 2.250°C. Die Beständigkeit gegen Sauerstoff sowie gegen oxidische Systeme wurde bereits erwähnt. Wegen der Sprödheit bei tiefen Temperaturen muß die Verformung des Bleches bei ca. 600 bis 1.000°C erfolgen.

Nachteilig wirkt sich bei diesem Heizelement der große Dampfdruck von Iridium aus. Bis ca. 1.850°C sind die Verluste durch Verdampfung noch nicht allzu groß. Oberhalb von ca. 1.900°C ist die Verdampfung jedoch so erheblich, daß das Blech schnell zerstört wird. Nach den Erfahrungen dieser Arbeit liegt die durchschnittliche Lebensdauer der verwendeten Bleche, mit den Abmessungen 20 x 5 x 0,1 mm^3, bei Temperaturen oberhalb von 1.900°C, nur bei etwa 15 Minuten.

Für die mangelnde Standfestigkeit der Iridiumbleche sind zwei Gründe maßgebend:

1. spielen mechanische Fehler bei der Herstellung der Heizelemente eine Rolle. Durch Schwankungen im Querschnitt beim Betrieb kommt es zu einer lokalen Überhitzung. Es kann dabei der Schmelzpunkt von Iridium erreicht werden, wodurch das Blech zerstört wird.

2. ist die starke Verdampfung des Iridiums zu berücksichtigen. Infolge ungleichmäßiger Abtragung kann es wiederum zu einer lokalen Überhitzung kommen, die zur Zerstörung des Bleches führt.

In Abb. 10 ist die durchschnittliche Lebensdauer der verwendeten Iridiumbleche als Funktion der Temperatur wiedergegeben.

3.3 Präparation der Proben für die Röntgenhochtemperatur-Untersuchungen

Bei den Hochtemperatur-Beugungsaufnahmen sind mehrere Bedingungen für das Aufbringen der Probe auf das Heizelement einzuhalten. Neben einer homogenen Temperaturverteilung wird gleichzeitig eine optimale Intensität der Beugungsaufnahmen verlangt. Da nur geringe Mengen untersucht werden, muß die Probe das Oxidgemisch repräsentativ vertreten können. Die Korngröße sollte zweckmäßigerweise unter 60 µm liegen. Dazu wurden alle untersuchten Oxide und Oxidgemische zerkleinert, gesiebt und 8 Std. lang in rotierenden Kunststofffläschchen homogenisiert.

Zur Erreichung einer maximalen Beugungsintensität muß im allgemeinen Fall die Probendicke (t) folgender Bedingung entsprechen (17):

$$t \geq = \frac{3{,}2 \cdot \rho}{\mu \cdot \rho'} \cdot \sin \theta \text{ [cm]} \qquad (1)$$

t = Dicke der Probenschicht
μ = linearer Absorptions-Koeffizient
ρ = spezifisches Gewicht
ρ' = Raumgewicht
θ = Braggscher Winkel

Hieraus läßt sich die erforderliche Dicke der Probenschicht berechnen. Für Silikatsysteme ohne schwere Elemente erhält man eine Probendicke von etwa 2 mm. Diese Bedingung ließ sich hier nicht einhalten. Es mußte ein Kompromiß geschlossen werden, damit kein zu großer Temperaturgradient in der Probe auftritt. Experimentell wurde so gearbeitet, daß die zu untersuchende Probe mit einem Gemisch von Wasser und 10%-igem Moviol +) im Verhält-

+) Moviol ist ein Polyvinylalkohol $(\underset{\mid}{\mathrm{CH}}\!\!\underset{\mathrm{OH}}{} - CH_2 - \underset{\mathrm{OH}}{\mathrm{CH}} - CH_2 -)_n$ der Fa. Farbwerke Hoechst AG, Frankf./M.

nis 3 : 1 angerührt wurde. Durch Aufstreichen von zwei Tropfen dieser Mischung auf die Probenträgeroberfläche wurde eine dünne Schicht von etwa 0,1 bis 0,2 mm Dicke erhalten. Eine Reaktion der Oxide mit dem Moviol konnte bei den Versuchen nicht beobachtet werden.

3.4 Temperaturmessung

Es wurde ein optisches Mikro-Pyrometer der Fa. Pyro-Werk, Hannover, verwendet. Die Eichung erfolgte mit einer Sekundär-Eichungslampe. Eine ausführliche Beschreibung und nähere Einzelheiten über optische Pyrometer finden sich in der Literatur (18, 19, 20, 21).

Die Genauigkeit der Temperaturmessung mit einem optischen Pyrometer ist von der Einhaltung der Schwarzkörper-Bedingung des Strahlers abhängig. Mißt man die Temperatur eines nichtschwarzen Körpers mit dem Pyrometer, so liegt die gemessene Temperatur (T_B) niedriger als die wirkliche Temperatur (T). Man kann die gemessenen Temperaturen mit Hilfe der folgenden Korrekturformel in die wirklichen Temperaturen umrechnen:

$$(1/T) - (1/T_B) = \frac{\lambda \cdot \ln (E_\lambda)}{C} \qquad (2)$$

T = wirkliche Temperatur ($^\circ$K)
T_B = die mit dem optischen Pyrometer gemessene Temperatur ($^\circ$K)
λ = Wellenlänge (für das verwendete rote Monochromatorfilter 0,65 µm = 0,65 x 10^{-4} cm)
E_λ = Strahlungskoeffizient bei der Wellenlänge λ
C = universelle Konstante (1,438 cm · Grad)

Es wurden zwei verschiedene Arten von Temperaturkorrekturen durchgeführt. Bei der Linsen-Korrektur wurden die von der Fa. Pyro-Werk, Hannover, angegebenen Daten verwendet. Die Korrektur der A-F-Vorsatzlinse des Mikropyrometers ist in Abb. 11 graphisch dargestellt.

Mittels dieser Kurve wurde die gemessene Temperatur wie folgt korrigiert:

$$T_B = (t_{gemessen}\ ^\circ C + \Delta t + 273)\ ^\circ K \qquad (3)$$

Die ebenfalls angewandte Schwarzkörper-Korrektur erfolgte mit Hilfe des Wienschen Gesetzes (Gl. 2). Der Strahlungskoeffizient E beträgt in dem untersuchten Temperaturbereich für die verwendeten Oxidgemische durchschnittlich 0,86 und für Iridiumblech 0,30 (22). Damit ergibt sich für die Oxidgemische als Korrektur

$$(1/T) - (1/T_B) = -6,817 \times 10^{-6} \qquad (4)$$

und für Iridiumblech

$$(1/T) - (1/T_B) = -5,442 \times 10^{-5} \qquad (5)$$

Die Korrekturkurven sind in Abb. 11 und 12 graphisch dargestellt.

Das Korrekturverfahren wurde mit Wollastonit und Aluminiumoxid überprüft. Die Schmelzpunkte der beiden Substanzen betragen 1.544°C bzw. 2.040°C. Nach der hier durchgeführten Bestimmung hat Wollastonit einen Schmelzpunkt von 1.537±5°C und Aluminiumoxid von 2.030±20°C. Die Fehlergrenze der Bestimmung liegt demnach zwischen 0,5 und 1 %.

Weitere Einzelheiten über die Temperatur-Korrektur und die Eichung von optischen Pyrometern im Temperaturbereich von 800 bis 4.000°C können z.B. der Arbeit von Lovejoy (23) entnommen werden.

Für Phasengleichgewichtsuntersuchungen eines kondensierten Systems ohne Beteiligung der Gasphase sind die Versuchsvariablen Zusammensetzung und Temperatur. Es ist deshalb eine empfindliche und reproduzierbare Temperatur-Meßtechnik notwendig. Das in dieser Arbeit verwendete Temperatur-Meßgerät ist ein Präzisionsmikropyrometer mit Kompensator. Es weist eine Genauigkeit von 0,1 % vom Skalenwert auf. Durch die Gesamtheit der Versuchsbedingungen liegt die tatsächliche Temperaturmeßgenauigkeit jedoch zwischen 0,5 und 1 %. Bei Temperaturen unterhalb von 1.800°C beträgt die Genauigkeit 0,5 %, bei Temperaturen über 1.800°C ist sie 1 %. Sie ist durch die Schwarzkörper-Temperaturkorrektur und durch die unterschiedlichen Strahlungskoeffizienten der Oxidgemische bedingt.

4. Eigenschaften und Herstellung der Ausgangssubstanzen

Für die Untersuchungen wurden zunächst die folgenden Mineralien aus den Oxiden hergestellt:

a) Picrochromit, (Magnesiochromit), $MgO \cdot Cr_2O_3$ (MK)
b) Dikalziumsilikat, $2CaO \cdot SiO_2$ (C_2S)
c) Forsterit, $2MgO \cdot SiO_2$ (M_2S)
d) Monticellit, $CaO \cdot MgO \cdot SiO_2$ (CMS)
e) Merwinit, $3CaO \cdot MgO \cdot 2SiO_2$ (C_3MS_2)

4.1 Eigenschaften der Verbindungen

4.1.1 Picrochromit, $MgO \cdot Cr_2O_3$

In der Natur findet man Picrochromit in Chromerz zusammen mit anderen Spinellen. Picrochromit ist eine grüne bis dunkelgrüne Substanz und sintert nur bei sehr hoher Temperatur. Das Mg^{2+}-Ion (R = 0,65 Å) kann in der Spinellstruktur durch andere zweiwertige Ionen mit ähnlichem Ionenradius (nach Pauling) (24) wie Fe^{2+} (0,76 Å), Zn^{2+} (0,74 Å), Mn^{2+} (0,80 Å) usw., nicht aber durch Ca^{2+} (0,99 Å), ersetzt werden.

Picrochromit hat einen sehr hohen Schmelzpunkt, der jedoch nicht einheitlich angegeben wird (s. Tab. 4). Die thermische Ausdehnung geht aus Tab. 5 (25) hervor. Der niedrige Wert für den thermischen Ausdehnungskoeffizienten neben dem hohen Schmelzpunkt macht Picrochromit zu einem wichtigen feuerfesten Werkstoff. Die Reaktion zwischen MgO und Cr_2O_3 läuft schnell ab und beginnt bei 600°C (26).

4.1.2 Dikalziumsilikat, $2CaO \cdot SiO_2$

Dikalziumsilikat tritt z.B. in feuerfesten basischen Steinen, im Zementklinker und in basischen Schlacken auf. Es existiert in mehreren Modifikationen. In den Arbeiten von Lehmann, Niesel und Thormann (27), Niesel und Thormann (65), Niesel (66) sowie von Schwiete, Krönert und Deckert (28) findet man einen Überblick über die polymorphen Umwandlungen und über die Stabilisierung von β-Dikalziumsilikat.

Dikalziumsilikat hat einen Schmelzpunkt von 2.140±10°C. Eine unerwünschte Eigenschaft von Dikalziumsilikat in technischen Produkten ist der Volumensprung bei der Umwandlung einer Modifikation in die andere, besonders von β - C_2S nach γ - C_2S, wie aus den spezifischen Gewichten der vier Dikalziumsilikat-Modifikationen hervorgeht:

Modifikationen	ρ (g/cm^3)
α - C_2S	3,04 (1.500°C)
α' - C_2S	3,31 (700°C)
β - C_2S	3,31 (RT)
γ - C_2S	2,97 (RT)

Dabei tritt der sogenannte Zerrieselungseffekt auf.

4.1.3 Forsterit, $2MgO \cdot SiO_2$

Forsterit gehört zur Olivin-Gruppe der Magnesium-Silikate und hat eine große Bedeutung für die Herstellung von feuerfesten Materialien. Er kommt in der Natur in großen Mengen vor (29). Forsterit schmilzt kongruent bei 1.890°C und hat ein spezifisches Gewicht von 3,21 g/cm^3. Wie alle Minerale der Olivin-Gruppe kristallisiert Forsterit rhombisch.

4.1.4 Monticellit, $CaO \cdot MgO \cdot SiO_2$

Monticellit gehört wie Forsterit zur Olivin-Gruppe und besitzt rhombische Kristallstruktur. Das Schmelzverhalten von Monticellit wurde durch Ricker und Osborn (5) untersucht. Sie fanden, daß Monticellit bei 1.492°C inkongruent schmilzt. Bei dieser Temperatur erfolgt Zersetzung in MgO, Schmelzphase und etwas Merwinit. Merwinit verschwindet bei 1.502°C und MgO bei 1.654°C. Nach El-Shahat und White (30) ist der Schmelzvorgang allerdings erst bei 1.760° ± 10°C abgeschlossen.

4.1.5 Merwinit, $3CaO \cdot MgO \cdot 2SiO_2$

Merwinit ist rhombisch und bildet mit Dikalziumsilikat Mischkristalle. Nach Osborn und Muan (4) schmilzt Merwinit inkongruent bei 1.575±5°C, wobei sich MgO, C_2S und eine Schmelze mit der Zusammensetzung: 43 % CaO, 18,2 % MgO und 38,8 % SiO_2 bildet. Bei weiterer Temperaturerhöhung verschwindet MgO bei ca. 1.660°C und Dikalziumsilikat bei ca. 1.740°C. Bei dieser Temperatur ist der Schmelzvorgang beendet. Ähnlich wie bei Monticellit besteht auch über diese Temperatur Unklarheit. Gutt (31) ist der Ansicht, daß erst bei ca. 1.800°C die letzten kristallinen Anteile aufgelöst werden.

4.2 Herstellung der reinen Verbindungen

4.2.1 Herstellungsprinzip

Die Ausgangsminerale wurden durch Brennen der entsprechenden Oxid- bzw. Carbonat-Gemische bei etwa 2/3 der Schmelztemperatur der angestrebten Neubildungen hergestellt. Um ein zufriedenstellendes Ergebnis zu erreichen, wurden die Reaktionsmischungen mehrmals gebrannt. Die Wiederholung des Brenn- und Homogenisierungsvorganges war notwendig, weil die Umsetzungen als Festkörperreaktionen relativ langsam abliefen.

Für das Brennen stand ein elektrischer Kanthal-Ofen mit einer Arbeitstemperatur bis etwa 1.650°C in Luftatmosphäre zur Verfügung.

Als Behälter wurde ein Platintiegel mit einem Nutzinhalt von ca. 330 ml benutzt. Eine Reaktion zwischen Platin und den Oxiden wurde nicht beobachtet.

Nach dem Brennen wurde das Reaktionsprodukt chemisch und mineralogisch analysiert. Dazu gehörten eine chemische Vollanalyse, die Freikalkbestimmung, die Bestimmung des freien MgO und die röntgenographische Mineralanalyse.

Im einzelnen wurde folgender Arbeitsgang eingehalten:

a) Einwaage der entsprechenden Oxide im gewünschten molaren Verhältnis (Tab. 6).

b) 8-stündiges trockenes Homogenisieren.

c) 12-stündiges Brennen zwischen 1.000 und 1.200°C.

d) Abkühlen des Produktes auf Zimmertemperatur, zerkleinern und weiteres 8-stündiges Homogenisieren.

e) Kontrolle des stöchiometrischen Verhältnisses in der Mischung durch chemische Analysen und Durchführung von evtl. notwendigen Gewichtskorrekturen. Röntgenbeugungsanalyse zur Abschätzung des Reaktionsfortschrittes.

f) Erneutes Brennen für 24 Stunden, dann Abkühlen auf Zimmertemperatur. Nach dem Mahlen und 8-stündigen Homogenisieren wiederum Mineralbestimmung und chemische Analyse.

g) Je nach dem Gehalt an freiem MgO bzw. Freikalk evtl. weiteres Brennen. Der maximal zulässige Gehalt an freiem MgO bzw. freiem CaO wurde mit 0,5 % festgelegt.

4.2.2 Analyse der eingesetzten Oxide und Karbonate

Als Ausgangssubstanzen wurden pulverförmige reine Oxide bzw. Karbonate verwendet.

Kieselsäure
Quarzpulver p.a. der Fa. Merck

Verunreinigungen nach Firmenangaben:

BaO	:	0,001 %
CaO	:	0,045 %
Al_2O_3	:	0,006 %
TiO_2	:	0,003 %
K_2O	:	0,009 %
		0,064 %

Kalziumkarbonat

Kalziumkarbonat p.a., der Fa. Riedel de Haën

Verunreinigungen nach Firmenangaben:

wasserlösl. Teil	0,005 %
Salzsäure-unlösl. Teil	0,001 %
Fe	0,002 %
Ba	0,005 %
Sulfat (SO_4'')	0,005 %
Chlorid (Cl')	0,005 %
Nitrat (NO_3')	0,001 %
Phosphat (PO_4''')	0,001 %
Al	0,02 %
Mg und Alkalien	0,03 %
	0,075 %

Magnesiumoxid

MgO p.a. der Fa. Riedel de Haën

Verunreinigungen nach Firmenangaben:

wasserlösl. Teil	0,005 %
Salzsäure-unlösl. Teil	0,005 %
Fe	0,005 %
Zn	0,002 %
Ba	0,005 %
Ca	0,02 %
Sulfat (SO_4'')	0,01 %
Chlorid (Cl')	0,01 %
Nitrat (NO_3')	0,003 %
Phosphat (PO_4''')	0,005 %
Silikat (SiO_2)	0,005 %
Arsen (As)	0,0005 %
	0,0755 %

Chromoxid

Chrom (III)-oxid rein der Fa. Riedel de Haën

Analyse nach Firmenangaben:

Cr_2O_3	99,8 %
CrO_3	0,1 %
SO_4''	0,1 %
	100,0 %

4.2.3 Charakterisierung der Brennprodukte

a) Monticellit, CaO · MgO · SiO_2
Gesamt-Gewicht: 90 Gramm

Theoretisches Verhältnis:

$CaO : MgO : SiO_2$ = 35,84 : 25,76 : 38,40 %

Erstes Brennen	1.200°C, 12 Std.
Zweites Brennen	1.400°C, 24 Std.
Chemische Analyse	CaO 35,75 %
	MgO 25,96 %
	SiO_2 38,24 %
	99,95 %

Freies CaO : 0,02 %
Freies MgO : 0,06 %

b) Merwinit, $3CaO \cdot MgO \cdot 2SiO_2$
Gesamt-Gewicht: 90 Gramm

Theoretisches Verhältnis:

$CaO : MgO : SiO_2$ = 51,18 : 12,26 : 36,56 %

Erstes Brennen	1.200°C, 12 Std.
Zweites Brennen	1.400°C, 24 Std.
Chemische Analyse	CaO 50,85 %
	MgO 12,34 %
	SiO_2 36,73 %
	99,92 %

Freies CaO : 0,13 %
Freies MgO : 0,26 %

c) Forsterit, $2MgO \cdot SiO_2$
Gesamt-Gewicht: 90 Gramm

Theoretisches Verhältnis:

$MgO : SiO_2$ = 57,29 : 42,71 %

Erstes Brennen	1.200°C, 12 Std.
Zweites Brennen	1.500°C, 24 Std.
Drittes Brennen	1.500°C, 24 Std.
Chemische Analyse	MgO 57,29 %
	SiO_2 42,70 %
	99,99 %

Freies MgO : 0,05 %

Eine Röntgenbeugungsaufnahme des synthetisch hergestellten Forsterits ist in Abb. 13 wiedergegeben. Der Schmelzpunkt des Forsterits wurde auf einem Heizblech mit einem Mikropyrometer in Luftatmosphäre bestimmt. Der von uns hergestellte Forsterit hat einen Schmelzpunkt von 1.883±5°C.

d) Dikalziumsilikat, $2CaO \cdot SiO_2$
Gesamt-Gewicht: 90 Gramm

Theoretisches Verhältnis:

$CaO : SiO_2$ = 65,12 : 34,88 %

Erstes Brennen	1.200°C, 12 Std.
Zweites Brennen	1.500°C, 24 Std.

Chemische Analyse	CaO	64,73 %
	SiO_2	34,95 %
		99,68 %

Freies CaO : 0,2 %

Die Röntgenbeugungsaufnahme des so synthetisierten Dikalziumsilikates zeigt Abb. 14. Es hat einen Schmelzpunkt von 2.120°C.

e) Picrochromit, $MgO \cdot Cr_2O_3$
Gesamt-Gewicht: 90 Gramm

Theoretisches Verhältnis:

$MgO : Cr_2O_3$ = 20,96 : 79,04 %

Erstes Brennen	1.200°C, 12 Std.
Zweites Brennen	1.400°C, 24 Std.
Drittes Brennen	1.400°C, 24 Std.

Chemische Analyse	MgO	20,58 %
	Cr_2O_3	79,42 %
		100,00 %

Freies MgO : 0,05 %

Die Röntgenbeugungsaufnahme des von uns hergestellten Picrochromits ist in Abb. 15 wiedergegeben.

Es ist mit unserer Heizvorrichtung nicht gelungen, den Schmelzpunkt von Picrochromit zu bestimmen. Bis zu einer Temperatur von etwa 2.250°C wurde noch kein Schmelzen beobachtet. Der Schmelzpunkt des Picrochromits wurde deshalb nach der letzten Schmelzpunktbestimmung von Panek und Kancliř (32) zu 2.330±15°C angenommen.

5. Phasengleichgewichtsuntersuchungen

Die Phasengleichgewichtsuntersuchungen erstreckten sich auf die Systeme:

Picrochromit - Forsterit
Picrochromit - Dikalziumsilikat
Picrochromit - Merwinit - Monticellit

Die ersten beiden Systeme sind als quasibinär, das System Picrochromit - Merwinit - Monticellit jedoch als pseudoternär anzusehen.

5.1 Das System $MgO \cdot Cr_2O_3 - 2MgO \cdot SiO_2$

5.1.1 Übersicht

Basische feuerfeste Baustoffe können bis zu sieben oxidische Hauptkomponenten enthalten. Somit stellt unter den modernen chromhaltigen Feuerfest-Materialien das System $MgO \cdot Cr_2O_3$ - $2MgO \cdot SiO_2$ einen Teil des gesamten Komplexes des vielkomponentigen Systems dar.

Forsterit schmilzt kongruent bei 1.890°C und besitzt damit den höchsten Schmelzpunkt der Olivingruppe. In chromhaltigen basischen feuerfesten Stoffen wird der SiO_2 - und der CaO-Gehalt normalerweise bewußt niedrig gehalten. Damit stellen die Kalzium-Magnesium-Silikate innerhalb dieser Stoffe von der Praxis her gesehen eher Verunreinigungen dar. Es stellt sich deshalb die Frage, welchen Einfluß diese Silikate auf die optimalen feuerfesten Eigenschaften der basischen Baustoffe haben.

Chesters und Parmelee (33) haben nachgewiesen, daß Mischungen von Sinter-Magnesia mit Chromerz nur eine geringe Brennschwindung haben. Die Ursache hierfür sehen sie in den Reaktionen zwischen den beiden Partnern. In der Umgebung der Chromitkörner bildet sich Forsterit, der infolge seines Kristallwachstums der natürlichen Brennschwindung entgegenwirkt.

Rigby und Mitarbeiter (34) fanden, daß ein Chromerz mit Forsterit-Matrix die kleinste Brennschwindung hat. Besonders bei niedriggebrannten Steinen ist die Rißbildung vom Silikatgehalt abhängig. Welche Silikatverbindung : Dikalziumsilikat, Trikalziumsilikat, Monticellit, Merwinit oder Forsterit, auftritt, hängt weitgehend vom Kalk-Kieselsäure-Verhältnis ab.

Nach der Entwicklung der hochgebrannten direktgebundenen Steine ergab sich eine neue Situation für die Bedeutung der Silikate. In direktgebundenen Steinen soll ein möglichst niedriger Silikatgehalt vorliegen. Dies erfordert aber andere Brennbedingungen, d.h. wesentlich höhere Temperaturen. Laming (35) gibt an, daß es notwendig ist, einen Magnesitchromstein mit 1,1 - 1,2 % SiO_2 bei 1.780°C zu brennen, um die Heißfestigkeit und das Fließverhalten einem ähnlichen Stein mit 1,8 - 1,9 % SiO_2, der bei 1.700°C gebrannt wurde, anzugleichen.

Die Bedeutung der Silikate in hochgebrannten basischen Steinen wird nicht einheitlich bewertet. Richardson (36) behauptet z.B., daß die Silikatphase für die Entwicklung der Bindung in direktgebundenen Steinen nicht notwendig ist. Ähnliches geben auch Mörtl, Skalla, Weidner und Zednicek (37) an. Diese Unstimmigkeit macht weitere Untersuchungen in dieser Frage notwendig. Bei Betrachtung der Mikrostruktur sieht man die Unterschiede zwischen hochgebrannten bzw. direktgebundenen und niedriggebrannten Magnesitchrom- und Chrommagnesitsteinen gerade bei der Verteilung der silikatischen Phase. Bei Steinen, die unterhalb von ca. 1.550°C gebrannt wurden, stellt man fest, daß jedes Chromerzkorn von einer Silikathülle, die hauptsächlich aus Forsterit besteht, umgeben ist. Das gleiche gilt für die Periklaskristalle, besonders, wenn sie die Matrix des Steines bilden.

Laming ist der Ansicht, daß die Silikathüllen, die das Chromerzkorn umgeben, von den Gangart-Mineralien herstammen. Diese

Gangart findet sich entlang der Bruchflächen und Korngrenzen des Chromerzes und ist von unterschiedlicher Zusammensetzung (67). Zusammen mit Diopsid und Augit ist häufig Serpentin der Hauptbestandteil. Während des Brennens schmelzen die Gangartmineralien bei der ihrer Zusammensetzung entsprechenden Temperatur, meist um ca. 1.200°C, wandern zur Oberfläche des Chromerzkornes, wo sie mit der Periklasmatrix unter Bildung fester Silikate reagieren. Dabei entsteht hauptsächlich Forsterit, der einen höheren Schmelzpunkt hat. Durch Brennen oberhalb von 1.700°C werden die Periklaskristalle sowie die Chromerzkörner von den Silikathüllen befreit. Das Silikat wandert in die Steinmatrix (35), besonders in die Zwickel zwischen den Kristallkörnern.

White (2,71) gibt an, daß mit wachsendem Kalk-Kieselsäure-Verhältnis bis etwa 2 : 1 der Benetzungswinkel von Periklas gegenüber Silikatschmelzen vergrößert wird, wodurch sich erwartungsgemäß die Bindefestigkeit verbessern läßt. Dies bedeutet, daß bei einem CaO : SiO_2-Verhältnis gleich Null, d.h. bei alleiniger Anwesenheit von Forsterit, die Bindefestigkeit verschlechtert wird.

Es scheint, daß Forsterit in den vielkomponentigen Oxid-Systemen der basischen feuerfesten Stoffe eine bedeutende Rolle spielt. Forsterit ist zwar nicht ein Hauptbestandteil dieser Materialien, aber er beeinflußt einige wesentliche feuerfeste Eigenschaften der Steine, wie die Brennschwindung, den Benetzungswinkel bzw. die Bindefestigkeit.

Die Kombination Forsterit - Picrochromit wird in der Literatur als selbständiges quasibinäres System kaum erwähnt. Kanclíř und Lim (38) untersuchten dieses System unterhalb der Solidus-Temperatur. Sie stellten fest, daß die Solidus-Temperatur oberhalb von 1.700°C liegt, und daß keine Mischkristallbildung nachgewiesen werden kann.

Keith (15) untersuchte das ternäre System MgO - Cr_2O_3 - SiO_2. Er fand erstens, daß es keine ternäre Verbindung innerhalb dieses Systems gibt, und zweitens, daß Picrochromit, Periklas und Chrom-Oxid einen großen Stabilitätsbereich haben. Damit werden die Stabilitätsfelder des Forsterits, Protoenstatits und Cristobalits in einen sehr engen Bereich gedrängt. Aufgrund der Arbeiten von Keith sowie von Kanclíř und Lim kann man erwarten, daß der eutektische Punkt des Systems auf der Forsterit-Seite liegt, und daß das System Forsterit-Picrochromit als einfaches quasibinäres System behandelt werden kann.

5.1.2 Versuchsergebnisse

Für die Untersuchungen wurden die in Tab. 7 angegebenen Mischungen von Picrochromit und Forsterit hergestellt. Die Korngröße der Ausgangssubstanzen lag unter 60 µm. Die Mischungen wurden trocken 8 Std. in rotierenden Kunststofffläschchen homogenisiert. Die Phasengleichgewichtsuntersuchungen in der Heizkammer erfolgten nach drei verschiedenen Techniken:

1. Abschreckungsverfahren
2. Hochtemperatur-Röntgenaufnahmen zur Bestimmung der Solidus-Linien
3. Hochtemperatur-Röntgenaufnahmen für Liquidus-Untersuchungen

Die Phasen in den abgeschreckten Proben wurden durch Röntgenbeugungsaufnahmen bzw. mit dem Auflicht-Mikroskop identifiziert. Die auftretenden Schmelzphasen konnten aufgrund ihrer isotropen Natur leicht mikroskopisch nachgewiesen werden. Die Temperaturmessungen erfolgten mit einem optischen Mikropyrometer (s. Abschn. 3.4).

5.1.2.1 Untersuchungen mit dem Abschreckverfahren

Bei diesen Versuchen wurde die Probe durch Abschalten des Heizstromes automatisch von der Versuchstemperatur auf Zimmertemperatur abgeschreckt. Die Abkühlungsgeschwindigkeit ist dabei sehr groß, wofür drei Faktoren maßgebend sind. Erstens spielt die kleine Menge der Probe eine Rolle. Zweitens sind die Proben, obwohl sie als Oxide schlechte Wärmeleiter sind, in Form einer dünnen Schicht in gutem Kontakt mit der Blechoberfläche. Drittens ist das Iridium-Heizelement an beiden Enden mit einem intensiven Wasserkühlungssystem verbunden.

Die Ergebnisse dieser Versuchsreihe finden sich in Tab. 8.

Die abgeschreckten Proben wurden mikroskopisch untersucht. Abb. 16 zeigt eine Probe mit einem $MgO \cdot Cr_2O_3 : 2MgO \cdot SiO_2$-Gewichtsverhältnis von 50 : 50 nach 5-minütigem Tempern bei 2.000°C. Man erkennt, daß neben Picrochromit-Kristallen, die als große, weiße, scharfkantige Körner ausgebildet sind, Forsterit-Kristalle als weiße runde kleine Körner in einer Schmelzmatrix vorliegen. Das Gleichgewicht ist noch nicht erreicht. Unter Gleichgewichtsbedingungen sollten bei dieser Temperatur nur zwei Phasen existieren und zwar Picrochromit als feste Phase neben einer silikatischen Schmelze.

Abb. 17 und 18 zeigen mikroskopische Auflichtaufnahmen von zwei $MgO \cdot Cr_2O_3 - 2MgO \cdot SiO_2$-Mischungen mit einem Gewichtsverhältnis von 30 : 70 bzw. 10 : 90. Die erste Probe wurde bei einer Temperatur von 1.910°C zehn Minuten lang getempert. Unter diesen Versuchsbedingungen erkennt man weiße Picrochromitkristalle in einer grauen Schmelzmatrix. Forsteritkristalle sind nicht mehr wahrzunehmen. Die Korngröße von Picrochromit hat wie bei der vorangegangenen Probe zugenommen.

Abb. 18 zeigt den heterogenen Gleichgewichtszustand einer Mischung von $MgO \cdot Cr_2O_3$ und $2MgO \cdot SiO_2$ im Gewichtsverhältnis 10 : 90 nach 20-minütigem Tempern bei 1.780°C. Die Picrochromit-Kristalle sieht man noch deutlich eingebettet inmitten der Schmelzmatrix. Da die Versuchstemperatur ca. 20°C höher als die Solidus-Temperatur von 1.758°C liegt, wird damit der Nachweis erbracht, daß die eutektische Zusammensetzung weniger als 10 % Picrochromit enthalten muß.

In Abb. 19 wird eine Mischung mit 2,5 Gewichtsprozenten Picrochromit und 97,5 Gewichtsprozenten Forsterit nach dem Tempern bei 1.820°C gezeigt. Die Mikrostruktur besteht nur aus zwei Phasen, nämlich aus der festen Phase Forsterit mit weißen prismatischen oder unregelmäßig gerundeten Körnern und der Schmelzphase. Picrochromit ist nicht mehr zu erkennen.

In Abb. 20 wird die Mikroaufnahme einer Mischung mit fünf Gewichtsprozenten Picrochromit und 95 Gewichtsprozenten Forsterit, abgeschreckt von 1.760°C, wiedergegeben. Die eutektische Struktur ist hier nicht sehr deutlich zu erkennen. Die röntgenographischen

Untersuchungen zeigen aber, daß dieser Ansatz noch etwas Forsterit enthält. Erst bei 1.850°C erfolgte völliges Aufschmelzen. Die eutektische Zusammensetzung liegt demnach bei ca. 7 % Picrochromit.

5.1.2.2 Hochtemperatur-Röntgenbeugungs-Untersuchungen

Zur genaueren Feststellung der Solidus- und Liquidus-Linien wurden Hochtemperatur-Röntgenbeugungs-Verfahren herangezogen. Dabei wurde nicht der ganze Winkelbereich überfahren, sondern jeweils nur die stärkste Interferenz erfaßt. Für das System $MgO \cdot Cr_2O_3 - 2MgO \cdot SiO_2$ wurde die Intensitätsänderung oder das Verschwinden folgender Peaks verfolgt:

	d (Å)	(hkl)	I/I_o	$2\theta^o$
$MgO \cdot Cr_2O_3$	2,512	(311)	100	35,70
$2MgO \cdot SiO_2$	2,458	(112)	100	36,52

Bei den Untersuchungen wurde die Zusammensetzung konstant gehalten und die Temperatur variiert (Isopletisches Verfahren).

Die Phasenanalyse der abgeschreckten Proben ergab, daß $MgO \cdot Cr_2O_3 - 2MgO \cdot SiO_2$ ein einfaches quasibinäres System ist.

Die folgenden Bilder zeigen die entsprechenden Hochtemperatur-Röntgendiagramme des Systems Picrochromit-Forsterit. Die Aufnahmen wurden im Winkelbereich zwischen 35 und 37° (2Θ) angefertigt.

Abb. 21 zeigt eine isoplethische Serie von Röntgenbeugungs-Aufnahmen einer Mischung Picrochromit-Forsterit (70 : 30). Zwischen Raumtemperatur und 1.600°C existieren Picrochromit und Forsterit gleichzeitig. Bei 1.770°C wird die Intensität des Forsterit-Hauptpeaks (112) sehr gering. Er läßt sich bei 1.800°C nicht mehr feststellen. Hingegen ist der Picrochromit (311)-Peak bei 2.020°C noch sehr stark. Die Liquidus-Linie liegt damit oberhalb von 2.020°C.

Die Abb. 22 bis 26 zeigen ähnliche Röntgenbeugungs-Diagramme mit anderen Mischungen. Den Aufnahmen ist gemeinsam, daß bei Temperaturen unterhalb der Solidus-Linie eindeutige Interferenzen von Picrochromit und Forsterit auftreten. Oberhalb der Solidus-Temperatur von 1.756±6°C verschwindet der (112)-Peak des Forsterits.

Aus Abb. 26 geht hervor, daß oberhalb einer Temperatur von ca. 1.750°C die Intensitäten sowohl des (311)-Peaks von Picrochromit als auch des (112)-Peaks von Forsterit stark abnehmen. Bei 1.830°C ist der Picrochromit-Peak verschwunden, während der Forsterit-Peak noch wahrnehmbar ist. Daraus folgt, daß die Zusammensetzung mit fünf Gewichtsprozenten Picrochromit und 95 Gewichtsprozenten Forsterit auf der Forsterit-Seite in der Nähe des Eutektikums liegt.

Die in Abb. 27 wiedergegebenen Röntgenbeugungs-Diagramme des Gemisches 2,5 Gew.-Prozent $MgO \cdot Cr_2O_3$ und 97,5 Gew.-Prozent $2MgO \cdot SiO_2$ ändern sich mit steigender Temperatur in ähnlicher Weise.

Die Ergebnisse der Hochtemperatur-Beugungsaufnahmen lassen den Schluß zu, daß Picrochromit und Forsterit ein Eutektikum bei einer Zusammensetzung von knapp über 5 % Picrochromit und knapp unter 95 % Forsterit bilden.

Die Liquidustemperaturen wurden ebenfalls mit Hochtemperatur-Beugungsaufnahmen ermittelt. Dabei beziehen sich die Temperaturen einmal auf den Bereich Picrochromit-Schmelze, in dem der Picrochromit (311)-Peak eindeutig abnimmt, zum anderen auf den entsprechenden Existenzbereich Forsterit-Schmelze, in dem die Intensität des Forsterit (112)-Peaks registriert wurde.

Die experimentell bestimmte Solidus-Temperatur ist in Tab. 9 angegeben, die zugehörigen Liquidus-Temperaturen finden sich in Tab. 10.

Mit den ermittelten Daten läßt sich das Phasendiagramm des Systems Picrochromit-Forsterit aufstellen (Abb. 28).

Für das Eutektikum folgt eine

mittlere eutektische Temperatur von 1.756±6 ^{o}C und eine

mittlere eutektische Zusammensetzung von 7±1,5 % Picrochromit und 93±1,5 % Forsterit.

5.2 Das System $MgO \cdot Cr_2O_3$ - $2CaO \cdot SiO_2$

Der Schnitt $MgO \cdot Cr_2O_3$ - $2CaO \cdot SiO_2$ verbindet den Punkt $MgO \cdot Cr_2O_3$ auf dem binären Randsystem MgO - Cr_2O_3 mit dem Punkt $2CaO \cdot SiO_2$ auf dem binären Randsystem CaO - SiO_2 (Abb. 29).

5.2.1 Übersicht

Nach El-Shahat und White (39) hat das System $MgO \cdot Cr_2O_3$ - $2CaO \cdot SiO_2$ einen eutektischen Punkt bei der Zusammensetzung 21,5 % $MgO \cdot Cr_2O_3$ und 78,5 % $2CaO \cdot SiO_2$. Die eutektische Temperatur liegt zwischen 1.700 und 1.730 ^{o}C.

Im Rahmen unserer Untersuchungen sollten weitere Daten zu diesem System erbracht werden.

5.2.2 Ausgangsmischungen und Versuchsdurchführung

Als Ausgangssubstanzen wurden die von uns hergestellten Verbindungen Picrochromit und Dikalziumsilikat benutzt. Herstellung, Zusammensetzung und Reinheit dieser Substanzen wurden bereits im Abschnitt 4.2.3 beschrieben.

Für die Phasengleichgewichts-Untersuchungen wurden Mischungen der Komponenten mit einer Korngröße ≤60 µm vorbereitet. Die Mischungen wurden 8 Std. lang in Plastikfläschen trocken homogenisiert. Tab. 11 gibt die Mischungsverhältnisse an.

Ähnlich wie bei der Untersuchung der Phasengleichgewichte im System Picrochromit-Forsterit wurde eine Hochtemperatur-Röntgenkammer mit Iridiumblech als Heizelement und gleichzeitig Probenträger benutzt. Neben Abschreckungsverfahren wurden Hochtemperatur-Röntgenbeugungsaufnahmen zur Bestimmung der Liquidus- bzw. Solidus-Kurve des Systems herangezogen. Weiterhin wurden auch Brennversuche bei 1.700°C im Gasofen für 24 Std. durchgeführt.

Die Phasenidentifizierung erfolgte mit Hilfe von Röntgenbeugungsaufnahmen sowie durch mikroskopische Beobachtung.

5.2.3 Untersuchungen mittels Abschreckungsverfahren

In Tab. 12 sind die Ergebnisse der Phasenidentifizierung abgeschreckter Proben zusammengefaßt.

Sie geben einen Überblick über die Solidus- bzw. eutektische Temperatur und über die beiden Liquidus-Kurven des binären Systems Picrochromit-Dikalziumsilikat.

Bei den Untersuchungen trat folgende Schwierigkeit auf. In den Mischungen von Picrochromit und Dikalziumsilikat, die auf dem Iridium-Blech langsam erhitzt wurden, bildeten sich nach ca. 10 Min. bei 1.400°C nadelförmige Whisker. Durch Erhöhung der Temperatur auf 1.680°C, also bei Annäherung an die eutektische Temperatur, verstärkte sich das Whiskerwachstum. Bei 1.400°C entstanden nach 10 Min. oder später auf der Oberfläche der Picrochromit-Dikalziumsilikat-Mischungen schwarze Punkte, die im Laufe der Zeit zu nadelförmigen, glänzenden schwarzen Kristallen auswuchsen. Bei Temperaturen oberhalb von 1.400°C verdickten sich die Nadeln in kurzer Zeit und wuchsen dendritisch.

Es gelang anfangs nicht, die chemische bzw. mineralogische Zusammensetzung der Whisker zu analysieren, da sie zu klein und von dem Substrat schwer zu trennen waren. Aufgrund ihrer dunkelbraunen bis schwarzen Farbe und ihrer scharfkantigen Form wurde zunächst angenommen, daß die Whisker aus $MgO \cdot Cr_2O_3$-Einkristallen bestanden.

Haubert und Krönert (40) konnten in einer anderen Arbeit durch Röntgenmikroanalyse am Rasterelektronenmikroskop zeigen, daß die Whisker nur Kalzium und Chrom enthielten und demnach dem System $CaO - CrO_3 - Cr_2O_3$ zuzuordnen sind.

Die Whisker-Bildung ist bei den Untersuchungen in den Systemen $MgO \cdot Cr_2O_3 - 2MgO \cdot SiO_2$ und $MgO \cdot Cr_2O_3 - CaO \cdot MgO \cdot SiO_2 - 3CaO \cdot MgO \cdot 2SiO_2$ nicht zu beobachten, obwohl die gleiche Methode angewandt wurde.

Bei der Bestimmung der eutektischen Zusammensetzung in dem binären System Picrochromit-Dikalziumsilikat hätte die Whiskerbildung leicht zu Fehlschlüssen führen können. Abb. 30 zeigt z.B. die Hochtemperatur-Röntgenaufnahme einer Mischung von Picrochromit und Dikalziumsilikat im Verhältnis 25 : 75 Gew.-Proz.. Oberhalb von 1.700°C sind keine Interferenzen von Picrochromit, hingegen noch eindeutig von Dikalziumsilikat festzustellen. Ohne Berücksichtigung der Whiskerbildung hätte angenommen werden müssen, daß der eutektische Punkt bei Picrochromitgehalten > 25 % liegt. Tatsächlich ist durch die Whiskerbildung eine Entmischung der Probe und damit eine Verarmung an Picrochromit erfolgt. Die Whisker befanden sich hauptsächlich am Rande des Bleches und waren deshalb durch Röntgenaufnahmen schwer erfaßbar.

Um diesen Einfluß auszuschalten, wurde eine weitere Versuchsmethodik angewandt:

Es wurden aus den Versuchsmischungen Tabletten von 7 mm Ø und 4 mm Höhe verpreßt und diese bei 1.700°C 24 Std. lang in einem Gasofen in oxidierender Atmosphäre gebrannt. Anschließend wurden die Tabletten in kaltem Wasser abgeschreckt. Die Beurteilung erfolgte durch die sichtbaren Gestaltsänderungen der Tabletten bzw. über den Grad des Aufschmelzens (Tab. 13). Die Mischung 20 Gew.-Proz. $MgO \cdot Cr_2O_3$ - 80 Gew.-Proz. $2CaO \cdot SiO_2$ war nach dem Brennen vollkommen aufgeschmolzen. Die Mischungen 10 Gew.-Proz. $MgO \cdot Cr_2O_3$ - 90 Gew.-Proz. $2CaO \cdot SiO_2$, 15 Gew.-Proz. $MgO \cdot Cr_2O_3$ - 85 Gew.-Proz. $2CaO \cdot SiO_2$ sowie 25 Gew.-Proz. $MgO \cdot Cr_2O_3$ - 75 Gew.-Proz. $2CaO \cdot SiO_2$ waren nur teilweise geschmolzen. Die anderen Tabletten wiesen keine Formänderung auf. Durch makroskopische Beobachtung wurde festgestellt, daß die eutektische Zusammensetzung in der Umgebung von 20 Gew.-Proz. $MgO \cdot Cr_2O_3$ und 80 Gew.-Proz. $2CaO \cdot SiO_2$ liegt.

Zur mikroskopischen Beurteilung wurden die Proben in der Heizkammer mit größerer Aufheizgeschwindigkeit auf 1.900°C erhitzt und anschließend langsam auf die Versuchstemperaturen 1.740°C, 1.700°C und 1.670°C abgekühlt. Bei diesen Temperaturen wurden die Proben durchschnittlich 20 Min. lang gehalten. Anschließend wurden sie auf Raumtemperatur abgeschreckt und auflichtmikroskopische Aufnahmen angefertigt. Dieses Verfahren sollte einmal die Verdampfungsverluste (Whiskerbildung) möglichst klein halten und zum anderen eine sichere Gleichgewichtseinstellung gewährleisten.

Zur genauen Ermittlung des eutektischen Punktes des Systems $MgO \cdot Cr_2O_3$ - $2CaO \cdot SiO_2$ wurden folgende Untersuchungen durchgeführt:

Die eutektische Zusammensetzung ließ sich anhand von Mikroaufnahmen durch Beurteilung des eutektischen Gefüges festlegen. Die eutektische Temperatur wurde durch Untersuchung der Solidustemperatur verschiedener Versuchsmischungen mit Hilfe der Hochtemperatur-Röntgenographie bestimmt.

5.2.4 Eutektische Mikrostruktur

Aufgrund makroskopischer Beobachtungen (Tab. 13) wurde bereits vermutet, daß die eutektische Zusammensetzung des Systems $MgO \cdot Cr_2O_3$ - $2CaO \cdot SiO_2$ in der Nähe von 20 Gew.-Proz. Picrochromit liegt. Diese Ansicht ließ sich anhand auflichtmikroskopischer Aufnahmen von Picrochromit-Dikalziumsilikat-Mischungen mit Picrochromitgehalten von 15, 20 und 25 Gew.-Proz. bestätigen.

Abb. 31 zeigt die Mikrostruktur der Mischung 15 Gew.-Proz. $MgO \cdot Cr_2O_3$ und 85 Gew.-Proz. $2CaO \cdot SiO_2$, die von 1.700°C auf Raumtemperatur abgeschreckt wurde. Man erkennt Dikalziumsilikat (grau, verzwillingt) in einer Schmelzmatrix.

Die Mikrostruktur der Mischung von 20 Gew.-Proz. $MgO \cdot Cr_2O_2$ und 80 Gew.-Proz. $2CaO \cdot SiO_2$ geht aus den beiden folgenden Bildern hervor. Eine Probe (Abb. 32) wurde zuerst schnell auf 1.850°C erhitzt, langsam auf 1.700°C abgekühlt und anschließend bei 1.700°C 20 Min. lang gehalten. Daran schloß sich eine langsame Abkühlung auf Raumtemperatur an. Für diese Probe ist die lamellenartige Struktur der Picrochromitkristalle in einer grauen Matrix von Dikalziumsilikat charakteristisch.

Die gleiche Mischung wurde nach dem Tempern bei 1.680°C auf Raumtemperatur abgeschreckt. Die eutektische Mikrostruktur (Abb. 33) zeigt weder die scharfkantigen hellen Kristalle des Picrochromits noch die runden und oft gestreiften Dikalziumsilikat-Ausscheidungen.

Um den Phasenzustand zwischen der Liquiduskurve und der Soliduslinie durch Mikroaufnahmen beurteilen zu können, wurde bei den weiteren Versuchen stets abgeschreckt, d.h. der Zustand bei der hohen Temperatur eingefroren.

Die Mikrostruktur bei Mischungen mit einem Picrochromitgehalt von mehr als 20 Gew.-Proz. setzt sich bei Temperaturen oberhalb von 1.680°C und unterhalb der Liquidustemperatur der entsprechenden Zusammensetzung stets aus zwei Phasen zusammen, aus der Schmelzphase und kristallinem Picrochromit. Die Picrochromitkristalle zeichnen sich durch klare Formen aus, sie sind groß, scharfkantig und weiß. An verschiedenen Stellen ist eine direkte Bindung Picrochromit-Picrochromit zu beobachten (Abb. 34, 35 und 36).

Bei Mischungen mit Picrochromitgehalten unter 20 Gew.-Proz. zeigen die Auflichtmikroskop-Aufnahmen ein grundsätzlich anderes Bild. Man erkennt keine Picrochromit-Kristalle mehr. Statt dessen tritt Dikalziumsilikat (Abb. 31 und 37) auf. Dikalziumsilikat liegt in den abgeschreckten Proben als β-Form allein oder neben der α'-Form vor, wie die röntgenographischen Aufnahmen zeigen.

5.2.5 Bestimmung der Solidus- und Liquidustemperaturen

Die genaue Feststellung der eutektischen Temperatur erfolgte, wie bereits in Abschnitt 5.1.2 beschrieben, durch Hochtemperatur-Röntgenbeugungsuntersuchungen. Ziel dieser Versuchsreihe war die Festlegung der eutektischen Temperatur der verschiedenen Mischungen.

Die Ergebnisse der Bestimmungen sind in Tab. 14 zusammengefaßt. Als Mittelwert für die Solidustemperatur wurde 1.677±7°C errechnet. Zur Festlegung der Liquiduslinien wurde ebenfalls das Hochtemperatur-Röntgen-Verfahren benutzt. Dabei wurde als Liquidustemperatur einer Mischung die Temperatur angesehen, bei der kristalline Anteile röntgenographisch erstmalig nicht mehr nachzuweisen waren. Die Abb. 38, 39 und 40 zeigen Hochtemperatur-Röntgenaufnahmen der Picrochromit-Dikalziumsilikat-Mischungen im Verhältnis 35 : 65, 30 : 70 und 25 : 75 Gewichtsprozenten. Nach der Aufnahme bei Raumtemperatur wurde die Probe schnell auf 1.900°C aufgeheizt und anschließend auf die gewünschten Temperaturen von 1.750°C, 1.680°C und 1.650°C abgekühlt. Der überfahrene Winkelbereich der Röntgenaufnahmen war $2\theta = 32\text{-}38°$. Röntgenaufnahmen der Picrochromit-Dikalziumsilikat-Mischungen mit 20 : 80 bzw. 15 : 85 Gew.-Proz. sind in den Abb. 41 und 42 wiedergegeben. Bei 1.680°C läßt die Mischung 20 : 80 keine Röntgen-Interferenzen erkennen (Abb. 41). Die Mischung 15 : 85 weist bei 1.750°C und 1.680°C noch Dikalziumsilikat-Peaks auf, aber keine Picrochromit-Interferenzen mehr (Abb. 42). Diese Ergebnisse entsprechen den Abschreckversuchen (Tab. 12).

Die Versuchsergebnisse sind in Tab. 15 zusammengestellt.

5.2.6 Phasendiagramm $MgO \cdot Cr_2O_3 - 2CaO \cdot SiO_2$

Aufgrund der experimentellen Ergebnisse ergibt sich folgendes Phasendiagramm für das System Picrochromit-Dikalziumsilikat (Abb. 43). Es handelt sich um ein einfaches quasibinäres System ohne Dystektikum.

Die Solidustemperatur beträgt

$$1.677 \pm 7^{\circ}C.$$

Die eutektische Zusammensetzung liegt bei

$19 \pm 1,5$ Gew.-Proz. $MgO \cdot Cr_2O_3$ und

$81 \pm 1,5$ Gew.-Proz. $2CaO \cdot SiO_2$.

5.3 Das System $MgO \cdot Cr_2O_3 - 3CaO \cdot MgO \cdot 2SiO_2 - CaO \cdot MgO \cdot SiO_2$

Teilgebiete des Systems $CaO - MgO - SiO_2$ sind durch verschiedene Autoren untersucht worden (5, 30, 41, 42, 43, 44). Die wichtigsten Ergebnisse finden sich in den "Phase Diagramms for Ceramists" (3) zusammengefaßt.

Die Verbindungen Forsterit, Monticellit, Merwinit und Dikalziumsilikat liegen auf einer Geraden im Zustandsdiagramm $CaO - MgO - SiO_2$. Die Stabilitätsfelder von Merwinit bzw. Monticellit befinden sich jedoch außerhalb dieser Linie (Abb. 2).

In dem Dreistoff-System $CaO - MgO - SiO_2$ existieren vier ternäre Verbindungen, Merwinit ($3CaO \cdot MgO \cdot 2SiO_2$), Monticellit ($CaO \cdot MgO \cdot SiO_2$), Åkermanit ($2CaO \cdot MgO \cdot 2SiO_2$) und Diopsid ($CaO \cdot MgO \cdot 2SiO_2$), (Abschnitt 2.1.1).

Merwinit und Monticellit schmelzen inkongruent. Der Schnitt Merwinit - Monticellit kann nicht als ein binäres System behandelt werden, da im Phasengleichgewicht Verbindungen auftreten, die keiner Zusammensetzung der Linie $3CaO \cdot MgO \cdot 2SiO_2 - CaO \cdot MgO \cdot SiO_2$ entsprechen (Abb. 44).

In der vorliegenden Arbeit wurde das Schmelzverhalten von Picrochromit in Silikatschmelzen aus Merwinit und Monticellit untersucht.

5.3.1 Herstellung der Ausgangsmischungen

Als Ausgangssubstanzen wurden die in Abschnitt 4.2.3 beschriebenen Verbindungen Monticellit, Merwinit und Picrochromit verwendet. Angaben über die Herstellung, die chemische Zusammensetzung sowie die Reinheit der Minerale finden sich ebenfalls dort.

Die Mischungen von Picrochromit, Merwinit und Monticellit (Tab. 16) mit Korngrößen unterhalb von 60 µm wurden, wie bereits früher beschrieben, 8 Std. lang trocken homogenisiert.

5.3.2 Der Schmelzvorgang bei Monticellit

Ricker und Osborn (5) geben an, daß Monticellit bei 1.492°C inkongruent schmilzt. Bei dieser Temperatur zersetzt sich Monticellit in eine Schmelzphase, während sich MgO und eine kleine Menge von Merwinit abscheiden. Merwinit löst sich bei etwa 1.500°C wieder auf, Magnesiumoxid erst bei 1.654°C. Das von Osborn und Muan (4) überarbeitete Phasendiagramm des Systems CaO - MgO - SiO_2 zeigt jedoch, daß der Schmelzvorgang erst bei etwa 1.690°C abgeschlossen ist. El-Shahat und White (30) geben hierfür eine noch höhere Temperatur von 1.760±10°C an.

Durch Hochtemperatur-Röntgenbeugungsaufnahmen sollte zunächst das Schmelzintervall des von uns hergestellten reinen Monticellits überprüft werden. Die Probe wurde in der Heizkammer langsam erhitzt und ein Winkel von $2\ \Theta = 42{,}90 \pm 0{,}08°$ entsprechend der Hauptinterferenz von Magnesiumoxid (d = 2,106 Å) eingestellt. Dabei sollte die Temperatur, bei der die MgO-Interferenz zum ersten Mal eindeutig auftauchte, als inkongruenter Schmelzpunkt von Monticellit gelten. Als Temperatur des Schmelzendes wurde die Temperatur, bei der der MgO-Hauptpeak verschwindet, angesehen. Merwinit wird mit diesem Verfahren während des Schmelzvorganges nicht erfaßt, da er nur in geringer Menge auftritt.

Der MgO-Hauptpeak trat bei 1.485±5°C auf und verschwand bei einer Temperatur zwischen 1.770°C und 1.780°C, so daß die Temperatur des Schmelz-Endes mit ca. 1.775°C angegeben werden kann. Das Schema ist:

$$CaO \cdot MgO \cdot SiO_2 \xrightarrow{1.485°C} \text{Schmelze} + MgO +$$

$$3CaO \cdot MgO \cdot 2SiO_2 \xrightarrow{1.500°C} \text{Schmelze} + MgO \xrightarrow{1.775°C} \text{Schmelze.}$$

Offenbar hängt die Temperatur, bei der der Schmelzvorgang abgeschlossen ist, vom MgO - Anteil im Monticellit ab. Theoretisch enthält Monticellit 25,76 Gew.-Proz. MgO. Der hier verwendete Monticellit hatte nach der chemischen Analyse einen MgO-Gehalt von 25,96 Gew.-Proz.

5.3.3 Der Schmelzvorgang bei Merwinit

Der Schmelzvorgang des Merwinits wird von Osborn und Muan (4) wie folgt beschrieben:

$$3CaO \cdot MgO \cdot 2SiO_2 \xleftrightarrow{1.575 \pm 5\,^{o}C} 2CaO \cdot SiO_2 + MgO + \text{Schmelze}$$

$$\xleftrightarrow{1.600\,^{o}C} 2CaO \cdot SiO_2 + \text{Schmelze} \xleftrightarrow{1.740\,^{o}C} \text{Schmelze.}$$

Nach Panek und Kancliř (43) lautet das Schema:

$$3CaO \cdot MgO \cdot 2SiO_2 \xleftrightarrow{1.575 \pm 5\,^{o}C} \alpha'\text{-}2CaO \cdot SiO_2 + MgO + \text{Schmelze}$$

$$\xleftrightarrow{1.710 \pm 10\,^{o}C} \alpha'\text{-}2CaO \cdot SiO_2 + \text{Schmelze} \xleftrightarrow{1.800 \pm 20\,^{o}C} \text{Schmelze.}$$

Der für unsere Untersuchungen verwendete Merwinit hatte aufgrund der chemischen Analyse 12,34 Gew.-Proz. MgO, verglichen mit 12,26 Gew.-Proz. bei stöchiometrischer Zusammensetzung. Außerdem wies unser Produkt 0,13 Gew.-Proz. freien Kalk auf.

Der Zerfallsmechanismus dieses Merwinits ergab sich wie folgt:

$$3CaO \cdot MgO \cdot 2SiO_2 \xleftrightarrow{1.570\,^{o}C} \alpha'\text{-}2CaO \cdot SiO_2 + MgO + \text{Schmelze}$$

$$\xleftrightarrow{1.690\,^{o}C} \alpha'\text{-}2CaO \cdot SiO_2 + \text{Schmelze} \xleftrightarrow{1.790\,^{o}C} \text{Schmelze.}$$

Nach der Röntgenuntersuchung lag $2CaO \cdot SiO_2$ in der α'-Form anstelle der thermodynamisch stabilen α-Form vor. Offenbar ist durch den Einbau von Mg^{2+}-Ionen die α'-Modifikation stabilisiert worden.

5.3.4 Das Pseudosystem Merwinit-Monticellit

Innerhalb des ternären Systems $CaO - MgO - SiO_2$ liegt der Schnitt Merwinit-Monticellit in den Stabilitätsfeldern von MgO und Dikalziumsilikat. Ricker und Osborn fanden, daß im System MgO-Merwinit-Monticellit die Solidus-Temperatur ca. 1.490°C beträgt (5).

Nach Schlaudt und Roy hat das Pseudosystem Åkermanit-Merwinit-Monticellit eine Solidus-Temperatur von 1.436°C (42).

Um die Solidus-Temperatur festzustellen, wurden drei Mischungen mit 20, 50 und 80 Gew.-Proz. Monticellit und entsprechenden Anteilen von Merwinit röntgenographisch untersucht.

Es ist schwierig, Mischungen herzustellen, die in ihrer Zusammensetzung genau auf der Geraden Merwinit-Monticellit liegen (Abb. 2). Schon eine geringe Abweichung in der Zusammensetzung erniedrigt die erste Schmelztemperatur. Mischungen ohne Periklas-Überschuß beginnen bei Temperaturen unterhalb von 1.490°C, der Solidustemperatur des Pseudosystems Merwinit-Monticellit, durch die Bildung von tieferschmelzenden Silikaten zu schmelzen.

Ähnliche Erfahrungen haben auch die Arbeiten von Hatfield und Richmond erbracht (44).

Die von uns hergestellten Merwinit- und Monticellit-Verbindungen hatten eine durchschnittliche Abweichung von 0,14 % gegenüber dem theoretischen MgO-Gehalt. Mit derartigen Zusammensetzungen wird nach unseren Erfahrungen die Temperatur des Schmelzbeginns um ca. 30°C erniedrigt.

Das in Abb. 44 dargestellte Phasendiagramm Merwinit-Monticellit wurde aufgrund der Arbeiten von Ricker und Osborn (5) und von Schlaudt und Roy (42) konstruiert.

5.3.5 Identifizierung der Phasen im System $MgO \cdot Cr_2O_3$ - $3CaO \cdot MgO \cdot 2SiO_2$ - $CaO \cdot MgO \cdot SiO_2$

Zur Identifizierung der in dem System auftretenden Phasen Picrochromit, Merwinit, Monticellit, Dikalziumsilikat und Periklas wurden Anschliffe und Röntgenbeugungsaufnahmen herangezogen.

Abb. 45 zeigt die mit Hilfe der ASTM-Kartei konstruierten schematischen Röntgeninterferenzdiagramme von Merwinit, Monticellit und verschiedenen Dikalziumsilikat-Modifikationen. Charakteristische Merkmale der Diagramme von Monticellit, Merwinit und Dikalziumsilikat sind folgende:

Bei Merwinit und Monticellit liegt die Hauptinterferenz bei d = 2,66 bzw. 2,67 Å, jedoch tritt bei Merwinit manchmal eine Aufspaltung mit einem weiteren Peak bei d = 2,64 Å auf (Abb. 46). Alle Modifikationen von Dikalziumsilikat weisen im Bereich von d = 2,68 - 2,77 Å (2θ = 32,3 - 33,4°) Doppelpeaks auf. Merwinit und Monticellit können ferner durch die Interferenzen bei d = 2,586 Å, 2,543 Å und 2,401 Å unterschieden werden (Abb. 47).

Bei höheren Temperaturen wird die Phasenidentifizierung durch die Abwesenheit von Merwinit und Monticellit leichter. Es sind dann nur Picrochromit, Dikalziumsilikat und Periklas neben der Schmelze vorhanden.

5.3.6 Auswertung der Versuchsergebnisse

Die Auswertung der Röntgenbeugungsdiagramme und der auflichtmikroskopischen Bilder der abgeschreckten Proben ist in Tab. 19 zusammengefaßt.

Bei niedrigen Temperaturen wurden Merwinit bzw. Monticellit hauptsächlich durch Röntgenbeugungsaufnahmen an abgeschreckten Proben nachgewiesen. Dikalziumsilikat liegt in den abgeschreckten Proben hauptsächlich in der β- und α'-Modifikation vor. Hingegen findet man in den Hochtemperatur-Röntgenbeugungsaufnahmen hauptsächlich die α'-Form.

Auflichtmikroskopische Aufnahmen wurden in Zweifelsfällen zur Bestätigung einzelner Röntgenbeugungsbefunde herangezogen.

Abb. 48 zeigt eine auflichtmikroskopische Aufnahme der Mischung $MgO \cdot Cr_2O_3$ - $3CaO \cdot MgO \cdot 2SiO_2$ - $CaO \cdot MgO \cdot SiO_2$ im Verhältnis 10 : 75 : 15 Gew.-Proz., abgeschreckt von 1.600°C. Die Mikrostruktur ist durch Dikalziumsilikatkörner, überwiegend als β-Form mit Parallelstreifung sowie vereinzelt als kleine, graue runde eigengestaltslose Körner der α'-Modifikation in einer Schmelzphase charakterisiert. Die hellen weißen Körner sind Picrochromit.

Die Mikrostruktur einer Mischung mit 10 Gew.-Proz. Picrochromit, 15 Gew.-Proz. Merwinit und 75 Gew.-Proz. Monticellit, abgeschreckt von 1.750°C, weist nur Picrochromit und Schmelze auf. Dikalziumsilikat ist nicht mehr festzustellen (Abb. 49). Das Zustandsdiagramm $3CaO \cdot MgO \cdot 2SiO_2$ - $CaO \cdot MgO \cdot SiO_2$ mit 10 % Picrochromit ist in Abb. 53 dargestellt.

Die auflichtmikroskopische Aufnahme (Abb. 50) einer von 1.630°C abgeschreckten Probe mit 25 Gew.-Proz. Picrochromit, 65 Gew.-Proz. Merwinit und 10 Gew.-Proz. Monticellit, läßt die Phasen Picrochromit (hell), Dikalziumsilikat (graue runde Körner mit Parallelstreifung) und Schmelze (hellgraue Matrix) erkennen. Das entsprechende Phasendiagramm ist in Abb. 54 dargestellt.

Die Mischung mit 40 Gew.-Proz. Picrochromit, 50 Gew.-Proz. Merwinit und 10 Gew.-Proz. Monticellit besteht nach dem Abschrecken von 1.700°C aus Picrochromit und Schmelze. Teile des gelösten Picrochromits sind bei der Abkühlung wieder auskristallisiert und bilden kreuzförmige Aggregate (Abb. 51).

Die Mikrostruktur einer Mischung von 70 Gew.-Proz. Picrochromit, 10 Gew.-Proz. Merwinit und 20 Gew.-Proz. Monticellit (Abb. 52) weist nach dem Abschrecken von 1.720°C hauptsächlich Picrochromitkörner in einer Silikatschmelzphase auf.

5.3.7 Darstellung der koexistierenden Phasen

Um ein übersichtliches Bild zu erhalten, wurden die koexistierenden Phasen dieser Mischungen in vier quasibinären Schnitten mit konstanten Picrochromitgehalten von 10, 25, 40 bzw. 70 Gew.-Proz. dargestellt (Abb. 53, 54, 55 und 56).

Für die Konstruktion dieser Diagramme wurden neben eigenen Daten auch die anderer Autoren benutzt. Für das Randsystem Picrochromit - Merwinit wurden die von Panek und Kanclir̆ (43) veröffentlichten Daten herangezogen. Die Angaben für das Randsystem Picrochromit - Monticellit stammen von El-Shahat und White (41).

Die Mischungen beginnen bereits bei 1.460°C zu schmelzen. Da Picrochromit die Temperatur der ersten Schmelzenbildung in den Mischungen nicht erniedrigt, stellt die Temperatur von 1.460°C nicht die wahre Solidustemperatur des Pseudosystems Merwinit-Monticellit dar. Diese liegt um 30° höher. Die Tatsache, daß im Bereich zwischen 1.460 und 1.550°C besonders im merwinitreichen Gebiet keine MgO-Interferenzen festzustellen sind, ist ein weiterer Hinweis darauf, daß die verwendeten Merwinit-Monticellit-Mischungen einen geringen Kieselsäureüberschuß enthielten.

Da in der vorliegenden Arbeit vorausgesetzt wurde, daß kein MgO-Überschuß vorhanden ist, erscheint es notwendig, die experimentellen Daten bezüglich der Solidus-Temperatur für den Schnitt Merwinit-Monticellit sowie für die Existenz von Periklas im Temperaturbereich 1.460 bis 1.550°C anhand von Literaturangaben zu korrigieren (s. Abb. 44).

Abb. 53 stellt das Phasendiagramm Merwinit-Monticellit mit einem Zusatz von 10 Gew.-Proz. Picrochromit dar. Bei höheren Temperaturen existieren zwei primäre Kristallisationsfelder und zwar von Dikalziumsilikat und von Picrochromit. In dem Dikalziumsilikatgebiet wird Picrochromit bei 1.640°C in der Schmelzphase aufgelöst. Bei höheren Gehalten von Picrochromit (Abb. 54, 55, 56) gibt es nur eine primäre Phase, nämlich Picrochromit.

Die Liquidus-Temperaturen von Picrochromit in dieser Mischung wurden durch Hochtemperatur-Röntgenbeugungsverfahren (s. Tab. 18) ermittelt. Die Liquidus-Linie von Picrochromit in diesen Diagrammen steht in Beziehung zur Löslichkeitskurve von Picrochromit in Merwinit-Monticellit-Schmelzen. Unsere Untersuchungsergebnisse lassen den Schluß zu, daß bei Mischungen mit einem Picrochromitgehalt größer als 25 Gew.-Proz. die Löslichkeitskurve nur eine Funktion der Temperatur und des Picrochromitanteiles ist. Das Merwinit-Monticellit-Verhältnis hat, wenn überhaupt, nur einen geringen Einfluß auf die Löslichkeit des Picrochromits. Die Liquiduskurven von Picrochromit verlaufen fast parallel zur Abszisse. Es folgt weiterhin, daß Picrochromit sich nur wenig in der Merwinit-Monticellit-Schmelze löst. Unsere Ergebnisse stimmen mit denen von El-Shahat und White (41) sowie mit denen von Panek und Kanclíř (43) über die Systeme Picrochromit-Merwinit bzw. Picrochromit-Monticellit überein.

Die Löslichkeitskurve von Picrochromit in einer Kalzium-Magnesiumsilikatschmelze mit einem CaO/SiO_2-Verhältnis zwischen 1 und 1,50 wird in Abb. 57 dargestellt. Diese Kurve kann für die Abschätzung des gelösten Picrochromitanteils in einer Kalzium-Magnesiumsilikatschmelze herangezogen werden.

6. Reaktionen zwischen Chromoxid und magnesiumhaltigen Silikaten bzw. MgO

6.1 Übersicht

Erste Arbeiten über Picrochromit wurden bereits 1930 bzw. 1931 veröffentlicht (11, 12 und 13). Mit dem System $MgO-SiO_2-Cr_2O_3$ hat sich 1940 Gee (45) befaßt. Er fand, daß sich Cr^{3+}-Ionen in Periklas lösen und eine neue Phase, $4MgO\cdot Cr_2O_3$, entsteht. Während in den folgenden Arbeiten auf diesem Gebiet die Löslichkeit von Cr^{3+}-Ionen im MgO-Gitter bestätigt wurde, gilt dies nicht für die Existenz von $4MgO\cdot Cr_2O_3$. 1943 veröffentlichten Wilde und Rees (14) Phasengleichgewichtsdaten über das ternäre System $MgO-Al_2O_3-Cr_2O_3$, die aber aus der heutigen Sicht als ungenau zu bezeichnen sind.

Weitere Arbeiten von Keith (15) über Phasengleichgewichte in dem ternären System $MgO-SiO_2-Cr_2O_3$, sowie von Glasser und Osborn (6) in dem System $SiO_2-CaO-Cr_2O_3$ sind bereits in den Abschnitten 2.1.2 bzw. 2.1.4 besprochen worden.

Hayhurst (68) sowie Alper und Mitarbeiter (10) haben das Phasendiagramm des Systems MgO-$MgO \cdot Cr_2O_3$ beschrieben. Sie stellten unter anderem Mischkristallbildung bei Temperaturen über 1.000°C fest.

Angaben zum Mechanismus der Reaktion zwischen MgO und Cr_2O_3 findet man verschiedentlich. Paravano (46) beobachtete 1952, daß eine Reaktion zwischen den beiden festen Phasen MgO und Cr_2O_3 nur dann abläuft, wenn sie in direktem Kontakt miteinander sind. Er schließt also Reaktionen über die Gasphase aus. Die Reaktionsgeschwindigkeit soll nur durch die Diffusion der Cr^{3+}-Ionen in der Spinellschicht bestimmt werden.

Bickelhaupt und Allen (47) verwendeten bei ihren Untersuchungen über die $MgO \cdot Cr_2O_3$-Bildung MgO-Einkristalle. Sie fanden, daß die Chromspinellbildung durch gegenläufige Diffusion von $2Cr^{3+}$ und $3Mg^{2+}$ erfolgt, und daß die Reaktionsgeschwindigkeit rasch sinkt, wenn der Sauerstoffpartialdruck in der Reaktionsatmosphäre abnimmt.

Von Hench (48) wird diese Angabe insofern bestätigt, als er ebenfalls auf die Bedeutung der umgebenden Gasatmosphäre hinweist. An der Reaktion zwischen MgO und Cr_2O_3 soll dampfförmiges CrO_3 beteiligt sein.

1966 stellten Borovkova und Mitarbeiter (26) fest, daß die Bildung von Magnesiochromit schon bei 600°C beginnt und bei etwa 1.300°C zu Ende ist. Darüber hinaus beobachteten sie, daß es nicht möglich ist, einen dichtgesinterten Picrochromit bis zu einer Brenntemperatur von ca. 1.900°C zu erhalten.

6.2 Reaktion zwischen MgO und Cr_2O_3

6.2.1 Untersuchungen der Reaktionsgeschwindigkeit

Die Reaktion zwischen MgO und Cr_2O_3 wurde bei 1.000, 1.300 und 1.500°C in einem Kanthalofen unter Luftatmosphäre untersucht und zwar an

1. homogenisierten Pulvergemischen,
2. gepreßten Tabletten mit Platin-Markierung.

Die Ergebnisse der Röntgenuntersuchungen an den Pulvergemischen zeigt Tab. 19.

Bei den Tablettenversuchen wurde folgendermaßen vorgegangen:

Zunächst wurde MgO- und Cr_2O_3-Pulver einzeln zu Tabletten von etwa 7 mm Ø und 3 mm Dicke unter einem Druck von 20 kp/cm² verpreßt.

Die beiden Tabletten wurden dann aufeinandergepreßt, nachdem als Markierung dünner Platindraht eingelegt war.

Nach dem Brennen wurde die Reaktionszone (Abb. 58) untersucht und die Dicke der Reaktionsschicht unter dem Mikroskop ausgemessen.

Bei allen Proben ist die Reaktionsschicht spröde und läßt sich von der MgO- bzw. Cr_2O_3-Tablette mechanisch leicht abtrennen.

Ihre Dicke ist eine Funktion der Brenntemperatur und der Reaktionszeit.

Außer der leicht abtrennbaren Reaktionsschicht existiert auf der MgO-Seite noch eine dunkelgrün gefärbte Zone. Diese Schicht wurde ebenfalls abgetrennt. Nach der röntgenographischen Untersuchung besteht sie aus Picrochromit und Magnesiumoxid. Die Abtrennung dieser Reaktionsschicht von der Tablette war erforderlich, da sie sehr spröde war und beim Schleifen der Probe zerstört worden wäre.

Die Eindringtiefe der Cr^{3+}-Ionen in die MgO-Tablette ergab sich aus der Dicke der ablösbaren Schicht und der der dunkelgrünen Zone, die mit dem Auflichtmikroskop vermessen wurde.

Für das Wachstum der Reaktionsschicht gilt ein parabolisches Zeitgesetz (49):

$$X^2 = kt \tag{6}$$

Der Koeffizient k ist nach Arrhenius von der Temperatur abhängig:

$$k_T = k_o \cdot e^{-Q/RT} \tag{7}$$

Q = Aktivierungswärme
R = ideale Gaskonstante

Die Auswertung der Versuchsergebnisse erfolgte unter Berücksichtigung der Daten in Tab. 18 nach den Gl. (6) und (7).

Die berechneten Werte von k finden sich in Tab. 21.

Durch Auftragen von log k gegen 1/T (Abb. 59) wurden die Aktivierungsenergie Q zu 140 [kcal/Mol] und der Reaktionsgeschwindigkeitskoeffizient k_o zu $10^{12,2}$ [cm^2/sek] bestimmt. Vergleicht man diese Werte mit Literaturangaben, so ist teilweise eine gute Übereinstimmung festzustellen. Hench (48) fand für die Aktivierungsenergie 147 [kcal/Mol] und für k_o $10^{11,35}$ [cm^2/sek].

Bickelhaupt (47) gibt stattdessen für die Aktivierungsenergie der Reaktion nur 64 [kcal/Mol] an. Der Unterschied zwischen den Ergebnissen von Bickelhaupt auf der einen Seite und denen von Hench und uns auf der anderen Seite dürfte auf die Beschaffenheit der Ausgangssubstanz zurückzuführen sein. Bickelhaupt verwendete MgO-Einkristalle, während wir wie auch Hench von MgO-Pulver ausgingen. Bei derartigen Materialien kann die Diffusion entlang von Korngrenzen, inneren Oberflächen, Versetzungen sowie im Gasraum der Poren die Reaktionsgeschwindigkeit beeinflussen, worauf unter anderem Schmalzried (49) hingewiesen hat.

6.2.2 Mechanismus der Reaktion

Nach Bickelhaupt (47) erfolgt die $MgO \cdot Cr_2O_3$-Bildung durch eine gegenläufige Diffusion von Cr^{3+}- und Mg^{2+}-Ionen. Das Verhältnis der diffundierenden Ionen soll ca. 50 : 1 betragen. Ein derartiger Mechanismus wäre aber nur möglich, wenn außer der Kationen-Diffusion, bei der der Cr^{3+}-Ionenanteil überwiegen müßte, mindestens Sauerstoff über die Gasphase transportiert werden

würde, und die Elektroneutralitätsbedingung durch elektrische Halbleitung des Reaktionsproduktes gewährleistet wäre.
6-wertige Chromionen sollten nach unserer Ansicht an der Festkörperdiffusion keinen Anteil haben, weil sonst gemäß dem folgenden Schema auf der Cr_2O_3-Seite 6-mal so viel Picrochromit gebildet werden müßte wie auf der MgO-Seite.

Cr_2O_3-Seite:

$$7Cr_2O_3 + 6Mg^{2+} + \frac{3}{2}O_2 = 6MgCr_2O_4 + 2Cr^{6+}$$

MgO-Seite:

$$2Cr^{6+} + 7MgO = 1MgCr_2O_4 + 6Mg^{2+} + \frac{3}{2}O_2$$

Diese Reaktion würde unter Sauerstoffaufnahme an der Cr_2O_3-Seite und unter Sauerstoffabgabe an der MgO-Seite verlaufen und sollte einen Kirkendalleffekt bewirken (69).

Man kann jedoch vermutlich nicht abstreiten, daß Cr^{6+}-Ionen eine Rolle bei der Picrochromitbildung spielen.

Hench (48) behauptet, daß die Reaktionen überhaupt nur durch einen einseitigen Diffusionsmechanismus erfolge, d.h. daß nur Chrom-Ionen an dem Diffusionsprozeß beteiligt sind. Dabei spielen wahrscheinlich Chrom-(VI)-Oxiddämpfe eine Rolle. CrO_3 kann durch folgende Reaktion gebildet werden:

$$Cr_2O_3 + \frac{3}{2}O_2 = 2CrO_3$$

Zwischen Cr_2O_3 und CrO_3 besteht ein temperaturabhängiges Gleichgewicht, bei dem nach neuerer Anschauung Zwischenstufen wie Cr_5O_{13}, $CrO_{2,40}$ bis $CrO_{2,48}$ (50) auftreten. Es scheint nach unseren Erfahrungen, daß ein großer Teil des Transports von Chrom-Ionen zu den MgO-Körnern über die Dampfphase stattfindet.

Nach Bickelhaupt (47) nimmt die Geschwindigkeit der Chrom-Spinell-Reaktion rasch ab, wenn der Sauerstoffpartialdruck sinkt. Darüber hinaus hängt nach Hench (48) die Geschwindigkeit der Spinellbildung nicht von der Reaktionsfähigkeit des Cr_2O_3 ab.

Bei unseren Untersuchungen färbte sich die Oberfläche der MgO-Tablette grün, auch an den Stellen, die keinen Kontakt mit festem Cr_2O_3 hatten, und wir konnten röntgenographisch feststellen, daß diese Stellen etwas Picrochromit enthielten.

Offen ist die Frage, ob die Picrochromit-Bildung durch einen einseitigen Diffusionsvorgang, wie Hench behauptet, oder durch gegenseitige Diffusion erfolgt. Unsere Ergebnisse mit MgO-Pulver zeigen, daß auf der Seite der Cr_2O_3-Tablette doch eine Mg^{2+}-Ionen-Penetration stattfindet, wenn auch nur in sehr geringem Maße. Die Existenz von Mg^{2+}-Ionen in der unterhalb 1.400°C gebrannten Cr_2O_3-Tablette ist durch auflichtmikroskopische Beobachtungen kaum zu erkennen, da der gebildete Picrochromit noch eigengestaltlos vorliegt.

Weitere Untersuchungen wurden mit Hilfe des Rasterelektronenmikroskops (73) und der Elektronenstrahlmikrosonde durchgeführt. Für die rasterelektronenmikroskopische Untersuchung der Reaktionszone zwischen MgO und Cr_2O_3 wurden die Proben bei einer Temperatur von 1.200°C 8 Std. lang gebrannt. Anschließend erfolgte die Beurteilung der Oberflächenausbildung sowohl auf der MgO- als auch auf der Cr_2O_3-Seite. Zum Vergleich wurden die Oberflächen der reinen Ausgangssubstanzen herangezogen.

Abb. 60 und 61 zeigen die rasterelektronenmikroskopischen Aufnahmen einer MgO-Tablette und einer gut versinterten Cr_2O_3-Tablette nach dem Brand bei 1.200°C und einer Haltezeit von 8 Std..

Magnesiumoxid weist die typische aufgerauhte, poröse feinkristalline Struktur auf. Die einzelnen Körner sind nicht perfekt ausgebildet. Der Grad der Versinterung ist jedoch relativ hoch.

Die Gefüge von Chrom(III)-Oxid und von Picrochromit unterscheiden sich folgendermaßen. Bei dem hexagonalen Chrom(III)-Oxid haben die Kristallite polygonale, langgestreckte Formen, jedoch ohne scharfe Ecken, wie sie bei den gut ausgebildeten Picrochromit-Kristalliten auftreten.

Die dritte Bezugsaufnahme dieser Reihe zeigt das rasterelektronenmikroskopische Bild (Abb. 62) einer reinen Picrochromit-Tablette. Picrochromit liegt in Form kleiner rundlicher Spinelle vor, die nicht miteinander versintert sind und die kein allgemeines Kornwachstum zeigen.

Bei weiteren Brennversuchen wurde stets beobachtet, daß unterhalb einer Brenntemperatur von 1.500°C die Picrochromit-Kristallite nur in dieser Form auftreten. Auf die Gefügeänderung von Picrochromit in Abhängigkeit von der Temperatur wird später noch eingegangen.

Mit Hilfe der drei Bezugsaufnahmen von MgO, Cr_2O_3 und MgO · Cr_2O_3 läßt sich das Gefüge auf beiden Seiten der Reaktionszone interpretieren. Abb. 63 zeigt das Gefüge der MgO-Seite einer MgO-Cr_2O_3-Tablette nach dem Brand bei 1.200°C und einer Brenndauer von 8 Std. in einem Kanthalofen. Wie man erkennt, haben die Körner untereinander schlechten Kontakt und liegen nicht gut kristallisiert bzw. rekristallisiert vor. Vergleicht man dieses Gefüge mit dem von bei 1.200°C gesintertem reinen MgO, so fällt der bessere Sinterungszustand des letzteren auf.

Nach Pande und Singh (51) fängt die Rekristallisation von Periklas bei 600 - 800°C an, wobei die Korngröße wächst und große sekundäre Aggregate gebildet werden. Zwischen 800 und 950°C nimmt die Porosität ab, und bei 950°C sind die Kennzeichen der Sinterung eindeutig elektronenmikroskopisch zu erkennen. Der Sinterungsvorgang soll bei etwa 1.050°C beendet sein. Eubank (52), Britton, Gregg und Winsor (53) sowie Gregg (54, 55) erhielten ähnliche Ergebnisse.

Abb. 63 zeigt das Gefüge von offenbar neu gebildetem Magnesiochromit, das mit dem Gefüge von bei 1.200°C hergestelltem Picrochromit vergleichbar ist. Auf der MgO-Seite findet innerhalb der Reaktionszone keine Sinterung von MgO statt. Stattdessen bilden sich kleine Magnesiochromitkörner bzw. ein MgO-Mischkristall. Die Sinterung des Periklases wird demgegenüber zurückgedrängt.

Die MgO-Körner sind völlig mit kleinen runden Magnesiochromit-Neubildungen bedeckt. Auf der MgO-Seite wird der Hauptanteil von Magnesiochromit gebildet, wobei die Reaktion über die Dampfphase nach Hench (48) beteiligt ist.

Die Cr_2O_3-Seite der Reaktionszone bietet nach dem Brennen bei einer Temperatur von 1.200°C und einer Brenndauer von 8 Std. folgendes Bild (Abb. 64). Typisch ist das Auftreten von großen Löchern, die sich mitten in den Körnern befinden. Vergleicht man diese Aufnahme mit dem Gefüge eines reinen Chrom(III)-Oxids, (Abb. 61), das unter denselben Bedingungen gebrannt wurde, dann stellt man auf der Cr_2O_3-Seite der Reaktionstablette bestimmte Veränderungen fest, die aber nicht auf eine Spinellbildung zurückzuführen sind. Die Löcher in den einzelnen Körnern verstärken die Vermutung, daß die Verdampfung des Chromoxids, besonders an den Kontaktstellen, sehr intensiv ist.

Obwohl auf der Cr_2O_3-Seite der Reaktionszone keine Picrochromitbildung festzustellen ist, ergibt die Untersuchung mit der Elektronenstrahl-Mikrosonde, daß doch Mg^{2+}-Ionen, wenn auch in kleinen Mengen, in die Cr_2O_3-Schicht eindringen (Abb. 65).

Aus den Untersuchungen geht klar hervor, daß Picrochromit hauptsächlich auf der MgO-Seite gebildet wird. Demnach treten hier stark ungleiche Wanderungsgeschwindigkeiten von Mg^{2+}-Ionen zur Cr_2O_3-Seite und von Cr^{3+}-Ionen zur MgO-Seite auf. Die Wanderungsgeschwindigkeit der Chrom-Ionen ist viel größer als die der Mg-Ionen. Diese Ansicht wird auch von Bickelhaupt und Allen vertreten, die für die Beweglichkeit der beiden Ionenarten im Magnesiochromit ein Verhältnis von 1 : 50 angeben.

6.3 Einige thermodynamische Überlegungen zu der Reaktion zwischen Cr_2O_3 und MgO-haltigen Silikaten

Thermodynamische Daten von komplizierteren Silikatsystemen existieren bisher nur in beschränkter Anzahl. Voraussagen über die möglichen Reaktionen z.B. zwischen Chromoxid und Silikaten, die stöchiometrisch auf der Linie Forsterit-Dikalziumsilikat innerhalb des ternären Systems $CaO-MgO-SiO_2$ liegen, das sind Forsterit ($2MgO \cdot SiO_2$), Monticellit ($CaO \cdot MgO \cdot SiO_2$), Merwinit ($3CaO \cdot MgO \cdot 2SiO_2$) und Dikalziumsilikat ($2CaO \cdot SiO_2$, erscheinen deshalb schwierig.

In Magnesit- bzw. Chrommagnesit-Steinen besteht während des Brennprozesses jedoch erfahrungsgemäß die Möglichkeit zur Bildung der genannten Silikate.

Die freie Bildungsenthalpie einiger Silikate wurde von Richardson und Mitarbeitern (56) angegeben. Für die Magnesiumsilikate lassen sich der Arbeit folgende Angaben entnehmen. Enstatit wird mit steigender Temperatur instabiler. Die freie Bildungsenthalpie von Forsterit ist wenig temperaturabhängig. Forsterit ist relativ stabiler als Enstatit. Bei den Kalziumsilikaten liegen die Verhältnisse wie folgt: Die freie Bildungsenthalpie von Wollastonit, Dikalziumsilikat und Trikalziumsilikat hängt kaum von der Temperatur ab. Da die freien Bildungsenthalpien des Dikalziumsilikates und des Trikalziumsilikates kleiner als die des Wollastonits sind, erweisen sich diese Verbindungen stabiler als Wollastonit. Über die Kalzium-Magnesiumsilikate existieren keine genauen Daten.

Rigby und Mitarbeiter (34) fanden, daß die mineralogische Zusammensetzung eines Magnesiterzeugnisses näherungsweise aus seiner chemischen Analyse errechnet werden kann, wobei das CaO/SiO_2-Verhältnis die Art der gebildeten Nebenphasen bestimmt. Hierbei wird Gleichgewichtseinstellung vorausgesetzt. Ähnliche Feststellungen treffen auch White (2, 70, 71) sowie Rait (72).

Zur experimentellen Überprüfung dieser Angaben, insbesondere im hoch chromoxidhaltigen Bereich, wurden sechs Mischungen hergestellt, deren Zusammensetzung in Tab. 22 angegeben ist.

Die Reaktionsmischungen wurden im Kanthalofen in oxidierender Atmosphäre bei 1.500°C je dreimal gebrannt. Nach jeweils 6 Std. Brennzeit wurden die Reaktionsmischungen erneut homogenisiert.

Röntgenographisch ergab sich, daß die Mischungen A1 bis A4 nach dem Brand Periklas, einen aluminiumhaltigen Magnesiochromit sowie Monticellit und Merwinit enthielten. Die Mischungen A5 und A6 setzten sich nach dem Brennen aus dem Magnesiochromit - Mischkristall, Chrom(III)-Oxid und Wollastonit zusammen.

Nach Rigby und Mitarbeitern (34) sollten in dem 5-komponenten-System MgO-Fe_2O_3-Al_2O_3-CaO-SiO_2 nach dem Brand folgende Mineralien auftreten (Tab. 23).

Unterstellt man, daß sich die beiden Systeme miteinander vergleichen lassen, so zeigt das Ergebnis der röntgenographischen Untersuchung der Proben A1 bis A4, daß die Voraussagen von Rigby (Tab. 23) und von White (Tab. 1) zutreffen.

Abweichend hiervon wird bei den Mischungen A5 und A6 keine C_xMS_y-Verbindung mehr gebildet. Dies läßt sich dadurch erklären, daß alles Magnesiumoxid zur Bildung von Picrochromit verbraucht wurde. Stattdessen tritt Wollastonit auf.

Die von Rigby und Mitarbeitern bzw. von White angegebene Regel zur Voraussage der auftretenden Silikatphasen nach dem CaO/SiO_2-Mol-Verhältnis scheint nur gültig, wenn in der Mischung ein MgO/Cr_2O_3-Molverhältnis größer 1 vorliegt.

6.4 Reaktionen zwischen Cr_2O_3 und magnesiumhaltigen Silikaten

Abb. 66 zeigt das ternäre System MgO-SiO_2-CaO mit der Verbindungslinie Forsterit - Monticellit - Merwinit - Dikalziumsilikat. Außerdem sind die Linien, die von der MgO-Ecke ausgehen und zu den Verbindungen $CaO \cdot SiO_2$, $3CaO \cdot 2SiO_2$, $2CaO \cdot SiO_2$ und $3CaO \cdot SiO_2$ laufen, eingezeichnet.

Zur Untersuchung der möglichen Reaktionen zwischen Cr_2O_3 und magnesiumhaltigen Silikaten wurden folgende Versuche durchgeführt. Einmal wurden homogenisierte Pulvergemische aus Cr_2O_3 und dem betreffenden Silikat hergestellt, gebrannt und der Mineralbestand röntgenographisch festgestellt. Zum anderen wurden aufeinander gepreßte Tabletten der reinen Komponenten mit als Markierung eingelegten Platindrähten verwendet, um die Wanderung der Chrom- bzw. Magnesium-Ionen untersuchen zu können.

Die in den bei 1.300 und 1.500°C gebrannten Pulvermischungen auftretenden Phasen sind in Tab. 24 zusammengestellt.

Aus diesen Versuchsergebnissen geht klar hervor, daß bei Anwesenheit von freiem Cr_2O_3 die magnesiumhaltigen Silikate Monticellit, Merwinit und Forsterit nicht stabil sind. Sie reagieren mit Cr_2O_3 unter Bildung von Picrochromit.

Die freie Bildungsenthalpie von Picrochromit beträgt nach Schmalzried und Tretjakow (74) bei 298°K: -9,75±0,5 und bei 1273°K: -8,1±0,5 kcal/Mol. Zwischen 1000 und 1500°K gilt $\Delta G^o = -10{,}27 + 1{,}7 \cdot 10^{-3}T$ (±0,5) kcal/Mol. Die thermodynamische Stabilität des Picrochromit nimmt mit steigender Temperatur also ab. Obwohl es keine experimentellen Daten für die freie Bildungsenthalpie von Monticellit und Merwinit gibt, kann man jedoch mit Sicherheit annehmen, daß bei höheren Temperaturen Picrochromit stabiler als Merwinit, Monticellit und Forsterit in Kombination mit Chromoxid ist. Diese Vermutung findet durch die Ergebnisse in Tab. 24 ihre Bestätigung.

Unsere Ergebnisse stimmen mit den Angaben von Rigby und Mitarbeitern (34) gut überein. Diese Autoren stellen ebenfalls fest, daß das Reaktionsprodukt zwischen den genannten Silikaten und Chromoxid eine Funktion der Temperatur und des Silikat/Cr_2O_3-Verhältnisses ist. Hinzu kommt, daß Picrochromit mit den Silikaten keine Rückreaktion eingeht, wie durch Röntgenbeugungsaufnahmen belegt wird. Es läßt sich keine Änderung in der Phasenzusammensetzung vor und nach dem Brennen feststellen.

Die Abb. 67 bis 70 zeigen rasterelektronenmikroskopische Aufnahmen der Reaktionsmischungen von Cr_2O_3 mit Forsterit (Abb. 67), mit Monticellit (Abb. 68), mit Merwinit (Abb. 69) und mit $2CaO \cdot SiO_2$ (Abb. 70) nach dem 24-Std. Brand bei 1.500°C. Die mineralogische Zusammensetzung dieser Produkte ist in Tab. 24 angegeben. Jede Probe wurde nach dem Brand geteilt und ein Teil für die Röntgenbeugungsaufnahme und der andere Teil für die rasterelektronenmikroskopische Aufnahme verwendet.

Bei der Reaktion zwischen Cr_2O_3 und Forsterit sind die röntgenographisch nachgewiesenen Hauptprodukte Picrochromit und Cristobalit. Eventuell liegen noch Cr_2O_3 bzw. Forsterit als Folge einer unvollständig verlaufenden Reaktion vor. Der gebildete Picrochromit tritt im Mikrogefüge (Abb. 67) als eine Zusammenballung von kleinen losen grauen Körnern auf. Die Abb. 68 und 69 zeigen eine ganz andere Gefügeausbildung. Beide Bilder vermitteln den Eindruck, als hätten die Mischungen beim Brennen weniger miteinander reagiert, sondern seien mehr versintert. Theoretisch bleibt noch 1 Mol Cr_2O_3 in der Mischung übrig, falls die Reaktionen zwischen Cr_2O_3 und Monticellit bzw. Merwinit vollständig ablaufen. Auf beiden Bildern ist die ursprüngliche Form der Cr_2O_3-Körner nicht mehr zu erkennen. Nach der röntgenographischen Untersuchung liegt auch Wollastonit vor, der einen relativ niedrigen Schmelzpunkt bei 1.544°C besitzt. In einem mehrphasigen Gemisch von Picrochromit, Chromoxid, Wollastonit sowie bei Anwesenheit von Dikalziumsilikat ist die Bildung einer Schmelzphase bei der Brenntemperatur von 1.500°C nicht mehr zu vermeiden. Bei der Versinterung handelt es sich also nicht um eine direkte Bindung zwischen Chromoxid bzw. Picrochromit, sondern um eine silikatische Bindung.

Das letzte Bild dieser Reihe (Abb. 70) gibt die Mikrostruktur einer gebrannten Mischung von Cr_2O_3 mit Dikalziumsilikat wieder. Nach der röntgenographischen Untersuchung besteht die Mischung nach dem Brand hauptsächlich aus unverändertem Cr_2O_3 und Dikalziumsilikat, daneben existieren noch Uvarovit ($3CaO \cdot Cr_2O_3 \cdot 3SiO_2$) und vermutlich auch $CaO \cdot Cr_2O_3$.

Bei 1.500°C reagiert also nur ein geringer Teil des Chromoxids mit Dikalziumsilikat. In Abb. 70 sieht man entsprechend noch Cr_2O_3-Körner zusammen mit vereinzelten fremden Phasen.

Wie in Abschnitt 6.2 bereits beschrieben wurde, findet die Bildung von Picrochromit aus MgO und Cr_2O_3 durch einen gegenseitigen Diffusionsvorgang statt. Die Wanderungsgeschwindigkeiten der Mg^{2+}- und der Cr^{3+}-Ionen sind aber sehr unterschiedlich. Es wurde mit der Elektronenstrahlmikrosonde nachgewiesen, daß im wesentlichen nur Cr^{3+}-Ionen an der Magnesiochromitbildung beteiligt sind. Nur in geringem Maße dringen auch Mg^{2+}-Ionen in die Cr_2O_3-Tablette ein (Abb. 65).

Um den Reaktionsablauf der Picrochromitbildung verfolgen zu können, wurden mit Platindrähten markierte Tabletten von Chromoxid und Kalzium-Magnesiumsilikaten bzw. Forsterit bei 1.500°C 8 Std. lang gebrannt.

Im System Cr_2O_3-M_2S befand sich auf beiden Seiten des Markierungsdrahtes eine dünne schwarze bzw. dunkelbraune Schicht. Diese Schicht war spröde und ließ sich von den Tabletten trennen. Sie bestand aus Picrochromit, Cristobalit und Chromoxid. Die Schicht auf der Forsteritseite hatte eine Dicke von etwa 0,24 mm und auf der Cr_2O_3-Seite von 0,18 mm (Abb. 71).

Im System Cr_2O_3-CMS befand sich ebenfalls auf beiden Seiten des Markierungsdrahtes eine dünne, schwarze bzw. dunkelbraune Schicht. Zum Unterschied von der Cr_2O_3-M_2S-Tablette bestand diese Schicht aus Picrochromit und Wollastonit.

Im System Cr_2O_3-C_3MS_2 wurden ähnliche Erscheinungen wie bei den beiden vorangegangenen Systemen beobachtet. Die mineralogische Zusammensetzung der Schicht war Picrochromit, Dikalziumsilikat, Wollastonit und Chromoxid.

Der Unterschied zwischen dem Reaktionspaar Cr_2O_3 und MgO einerseits und den Kombinationen von Cr_2O_3 mit Kalzium-Magnesiumsilikaten bzw. Forsterit andererseits bestand darin, daß im ersten Falle sich die abtrennbare schwarze Reaktionsschicht hauptsächlich auf der MgO-Seite und im zweiten Falle auf beiden Seiten des Platindrahtes befand, und zwar in doppelter Dicke wie bei der Picrochromit-Schicht.

Bei allen diesen Versuchen befanden sich auf den dem Cr_2O_3 abgewandten Seiten der Tabletten grüne Verfärbungen, die bis in das Innere hineinreichten (Abb. 71).

Die grünen Verfärbungen weisen darauf hin, daß das Chromoxid zum Teil über die Gasphase transportiert wurde (vgl. Abschn. 6.2). Dies ist bei der Reaktion von Cr_2O_3 mit Ca-Mg-Silikaten stärker der Fall als bei der Reaktion von Cr_2O_3 mit MgO. Die Tatsache, daß sich die Reaktionsschicht bei den Kalzium-Magnesium-Silikaten auf beiden Seiten des Markierungsdrahtes befand, läßt sich durch eine gegenseitige Diffusion von Mg^{2+}- und Cr^{3+}-Ionen erklären.

Carter (57) hat den Bildungsmechanismus von $MgAl_2O_4$ und $MgFe_2O_4$ untersucht. Er meint, daß beide Spinelle durch gegenseitige Diffusion gebildet werden. Dies entspricht auch dem Bildungsmechanismus bei $ZnFe_2O_4$, $ZnCr_2O_4$, $NiCr_2O_4$ und $ZnSn_2O_4$ (58, 59, 60).

Für jedes Mol Spinell, das auf der MgO-Seite gebildet wird, müssen drei Mol Spinell dabei auf der Al_2O_3- bzw. Fe_2O_3-Seite gebildet werden. Dieses Verhältnis kann jedoch nur bei einer idealen Spinell-Zusammensetzung verwirklicht werden. Eine eventuelle Mischkristallbildung zwischen dem Spinell und den Oxiden erschwert die experimentelle Überprüfung.

Die Reaktivität von Kalzium-Magnesiumsilikaten und Magnesium-Ortho-Silikat gegenüber Chrom(III)-Oxid könnte einige Fragen hinsichtlich des Mechanismus der Direktbindung erklären. Es besteht die Möglichkeit, daß die Silikate eine Mineralisatorwirkung bei der Bildung von Picrochromit ausüben. Die den basischen Steinen zugesetzten kleinen Mengen von CaO und SiO_2 sollten entsprechend dem CaO/SiO_2-Verhältnis mit MgO Monticellit, Merwinit oder Forsterit bilden. Diese Silikate reagieren andererseits mit Cr_2O_3 unter Bildung von $MgCr_2O_4$ weiter. Das freigesetzte Kalziumsilikat kann dann wiederum mit MgO Kalzium-Magnesiumsilikat bilden und so fort. Die umstrittene Rolle der Silikate bei dem Mechanismus der Direktbindung wäre so zu erklären. Laming (35) gibt an, daß die Anwesenheit von ca. 1 bis 3 % Silikat zur Ausbildung der Direktbindung notwendig ist. Richardson (36) sowie Mörtl, Skalla, Weidner und Zednicek (37) finden jedoch, daß reine MgO- und Cr_2O_3-Gemische ebenfalls bei höheren Temperaturen eine Direktbindung eingehen.

Unserer Ansicht nach besteht der Mechanismus der Direktbindung aus zwei Stufen. Die erste Stufe ist die Festkörperreaktion zur Bildung von Spinell bzw. Mischkristallen verschiedener Spinelle. Der zweite Schritt besteht in der Sinterung der Spinelle und in der Bildung fester Lösungen zwischen Spinell und Periklas sowie zwischen Spinell und Chromit.

6.5 Kornwachstum des Picrochromits in Abhängigkeit von der Temperatur

Nach den Untersuchungen von Borovkova und Mitarbeitern (26) fängt die Sinterung von Picrochromit bei 1.400 - 1.500°C an. Unsere Ergebnisse zeigen jedoch, daß die bei 1.500°C 24 Std. lang und bei 1.600°C ebenfalls 24 Std. lang gebrannten $MgO \cdot Cr_2O_3$-Tabletten noch kein festes Gefüge aufweisen und kaum zu schleifen sind. Um eine stärkere Bindung der Picrochromitmasse zu erhalten, muß die Tablette oberhalb von 1.600°C gebrannt werden. Andererseits werden bei erhöhter Brenntemperatur, z.B. ab 1.900°C, größere Picrochromiteinkristalle gebildet.

Es wurde deshalb das Kornwachstum des reinen Picrochromits als Funktion der Temperatur untersucht. Das ungepreßte Picrochromit-Pulver wurde dazu in Luftatmosphäre auf einem Iridiumblech etwa 20 Min. lang erhitzt. Danach wurde die Probe auf Zimmertemperatur abgekühlt und mit dem Rasterelektronenmikroskop untersucht.

Abb. 72 zeigt die Mikrostruktur des Picrochromits nach dem Brennen bei 1.400°C. Die Körner sind rund und leicht miteinander versintert. Man erkennt auch deutlich, daß ein Oberflächenkontakt zwischen den einzelnen Picrochromitpartikeln besteht. Diese Bindung ist schwach, was unter anderem an der Sprödigkeit der Picrochromitmasse erkennbar ist. Man kann diesen Vorgang als erste Phase der Sinterung ansehen.

Bei einer Temperatur von 1.600°C und derselben Brenndauer wurden bereits einige gut ausgebildete, große Kristallite erhalten. Die typischen scharfkantigen Ecken und gut ausgebildeten Kanten der Picrochromitkörner sind schon deutlich zu erkennen. Die überwiegende Menge des Pulvers befindet sich jedoch noch in dem ersten Stadium des Sintervorganges. (Abb. 73). Durch Tempern bei 1.700°C wird die Picrochromitmasse kompakt, und es bilden sich überall große Kristallite (Abb. 74). Nach dem Brand bei 1.900°C gibt es vorwiegend gut ausgebildete große Kristallite (Abb. 75). Daneben wird auch Riesenwachstum beobachtet (Abb. 76).

Die Bildung der Picrochromit-Einkristalle erfolgt in Luft bei erhöhten Temperaturen sehr leicht. Die Einkristalle sind jedoch selten perfekt; sie zeigen Stufenwachstum oder haben Löcher in der Mitte der Kristallflächen. Vermutlich handelt es sich um ein sehr schnelles Wachstum über die Dampfphase, bei dem der Stofftransport mit dem Kristallwachstum in einzelnen Richtungen nicht Schritt hält.

Sehr wahrscheinlich sind Picrochromit und seine Mischkristalle mit Magnesiumoxid für die guten Eigenschaften von hochgebrannten Magnesitchrom- bzw. Chrommagnesit-Steinen verantwortlich. Wie die rasterelektronenmikroskopischen Aufnahmen zeigen, beginnt die Verdichtung der Picrochromitmasse beim Brennen erst ab 1.600°C, im Gegensatz zu MgO-Körpern, die bei etwa 1.200°C schon gut versintert sind (51, 52, 53, 54, 55).

Die Qualität der Magnesitchrom- bzw. Chrommagnesit-Steine wird gerade durch das Brennen bei höheren Temperaturen über 1.700°C verbessert. Dies gilt besonders für die Heißfestigkeit, die Schlackenbeständigkeit sowie die Raumbeständigkeit (35, 61). Es scheint sicher, daß die Direktbindung zwischen Periklas und Chromit sowie zwischen den Periklas-Körnern untereinander für die Verbesserung der mechanischen und chemischen Eigenschaften der Steine verantwortlich ist (62, 63). Unsere qualitative Untersuchung des Picrochromit-Kornwachstums mag als weiterer Beweis für diese Ansicht gelten.

7. Zusammenfassung

Es wurden Phasengleichgewichts-Untersuchungen der Systeme $MgO \cdot Cr_2O_3 - 2CaO \cdot SiO_2$, $MgO \cdot Cr_2O_3 - 2MgO \cdot SiO_2$ und $MgO \cdot Cr_2O_3 - 3CaO \cdot MgO \cdot 2SiO_2 - CaO \cdot MgO \cdot SiO_2$ in Luft durchgeführt. Dabei erlaubte die Hochtemperatur-Röntgenographie eine schnelle Phasenidentifizierung bei höheren Temperaturen. Zur Kontrolle wurden die abgeschreckten Proben auch mikroskopisch untersucht. Bei Phasengleichgewichts-Untersuchungen eines kondensierten Systems können die Zusammensetzung und die Temperatur variiert werden. Es werden deshalb an die Genauigkeit der Temperaturmessung hohe Anforderungen gestellt. Das in dieser Arbeit verwendete Meßgerät ist ein Präzisions-Mikropyrometer mit Kompensator. Der Gesamtfehler der Temperaturmessung unterhalb von 1.800°C liegt zwischen 0,5 bis 1 %.

In dem quarternären System CaO-MgO-Cr_2O_3-SiO_2 existiert bei einem Cr_2O_3/MgO-Molverhältnis < 1 unter Gleichgewichtsbedingungen kein freies Cr_2O_3 mehr, es wird $MgO \cdot Cr_2O_3$ gebildet. Im magnesiumoxidreichen Teil dieses Systems, dem die basischen feuerfesten Steine zuzuordnen sind, ist das Auftreten der ersten Schmelzphase durch das Schmelzverhalten des Systems Dikalziumsilikat-Merwinit-Monticellit-Forsterit bzw. durch das Schmelzverhalten des Systems Merwinit-Monticellit bedingt. In dem letzten System tritt eine Schmelzphase erstmals bei 1.490°C auf.

Es wurde festgestellt, daß sich Picrochromit in der Silikatschmelze des Systems nur wenig löst. Man kann weiterhin für praktische Belange annehmen, daß die Menge der Schmelzphase bis zu ca. 2.000°C nur durch den SiO_2-Gehalt bestimmt wird.

Die möglichen Silikatverbindungen in dem magnesiumoxidreichen Teil des Systems MgO-$MgO \cdot Cr_2O_3$-CaO-SiO_2 sind bei höheren Temperaturen $2CaO \cdot SiO_2$ bzw. $3CaO \cdot SiO_2$, Merwinit, Monticellit und Forsterit. Forsterit ist aber bei einem CaO/SiO_2-Verhältnis $\geqslant$ 1 instabil.

Dikalziumsilikat wird bei höheren Temperaturen und einem niedrigen CaO/SiO_2-Verhältnis in Merwinit umgewandelt, das einen tieferen Schmelzpunkt hat.

Die magnesiumoxidhaltigen Silikatphasen vom Typ Monticellit und Merwinit haben im Hinblick auf basische feuerfeste Materialien interessante Eigenschaften. Untersuchungen mit der Mikrosonde zeigen, daß sie leichter mit Cr_2O_3 reagieren als Periklas. Es ist möglich, daß sie deshalb als eine Art Mineralisator bei der Bildung von $MgO \cdot Cr_2O_3$ wirken. Optische sowie rasterelektronenmikroskopische Aufnahmen zeigen, daß das Kornwachstum des Picrochromits auch bei Abwesenheit einer Silikatphase bei Temperaturen über 1.600°C intensiv stattfindet.

Die vorliegende Arbeit wurde zum Teil mit finanzieller Unterstützung durch die Deutsche Forschungsgemeinschaft, Bonn-Bad Godesberg, durchgeführt. Wir danken der DFG für diese Förderung.

Literaturverzeichnis

(1) Ford, W.F. und W.J. Rees, Trans. Brit. Ceram. Soc., 57, (1958) 233-241.
(2) White, J., Ber. DKG, 44, (1967) 319-324.
(3) "Phase Diagrams for Ceramists", The Am. Ceram. Soc., Columbus, Ohio, (1964).
(4) Osborn, E.F. und A. Muan, "Phase Diagrams for Ceramists", The Am. Ceram. Soc., Columbus, Ohio, (1964) Fig. 598.
(5) Ricker, R.W. und E.F. Osborn, J.Am. Ceram. Soc., 37, (1954) 132-139.
(6) Glasser, F.P. und E.F. Osborn, J. Am. Ceram. Soc., 41, (1958) 362.
(7) Ford, W.F. und J. White, Trans. Brit. Ceram. Soc., 48, (1949) 423.
(8) Bunting, E.N., J. Research, Nat. Bur. Stand. 5 (2) Rp 203, (1930) 325-27, ibid. 6 (6) Rp. 317, (1931) 947-49.
(9) Doman, R.C. und Mitarbeiter, J. Am. Ceram. Soc., 48, (1963) 314.
(10) Alper, A.M., McNally, R.N., Doman, R.C. und F.G. Keihn, J. Am. Ceram. Soc., 47, (1964) 30-33.
(11) Bonthron, K.J.A. und R. Durrer, Z. Anorg. Allg. Chem., 198, (1) (1931) 141-156.
(12) Passarini, L., Gazz. Chim. Ital., 60, (1930) 544-558.
(13) Holgersson, S., Z. Anorg. Allg. Chem., 192, (1930) 123-128.
(14) Wilde, W.T. und W.J. Rees, Trans. Brit. Ceram. Soc., 42, (1943) 123-155.
(15) Keith, M.L., J. Am. Ceram. Soc., 37, (1954) 490-496.
(16) Krönert, W. und G. Rehfeld, Forschungsbericht des Landes NRW, Nr. 2133, Westd. Verlag, Köln und Opladen, (1971).
(17) Klug, H.P. und L.E. Alexander, X-ray Powder Diffraction Procedures, J. Wiley, N.Y. (1954) 290-305.
(18) Perry, J.H., Chemical Engineers Handbook, McGraw-Hill, N.Y., Toronto, London (1963) 227-229.
(19) Hall, J.A., The Measurement of Temperatures, Chapman & Hall, London, (1965).
(20) Lee, R.D., Temperature, its Measurement and Control in Science and Industry, Reinhold, N.Y., (1962) 3 (part 1) 507.
(21) Middlehurst, J. und T.P. Jones, loc. cit., 3 (part 1) 517.
(22) Touloukian, Y.S., Thermophysical Properties of High Temp. Solid Materials, The Mac Millan Co, N.Y., Collier-Mac Millan Ltd., London, (1967).
(23) Lovejoy, D.R., Can. J. Physics, 36, (1958) 1397.
(24) Pauling, L., The Nature of the Chemical Bond, Cornell University Press, N.Y., (1960).
(25) Rigby, G.R., Lovell, G.H. und A.T. Green, Trans. Brit. Ceram. Soc., 46, (1946/47) 200.
(26) Borovkova, I.B., Kovalskaya, K.V. und D.M. Poluboyavoniv, Ogneupory, 12, (1966) 35-40.
(27) Lehmann, H., Niesel, K. und P. Thormann, Tonind.-Ztg. 93, (1969) 197-209.
(28) Schwiete, H.E., Krönert, W. und K. Deckert, Forschungsbericht des Landes NRW Nr. 2218, Westd. Verlag, Köln und Opladen, (1972).
(29) Harders, F. und S. Kienow, Feuerfestkunde, Springer-Verlag Berlin (1960).
(30) El Shahat, R.M. und J. White, J. Trans. Brit. Ceram. Soc., 65, (1966) 309.
(31) Gutt, W., Iron Steel Inst., 202, (1964) 770.
(32) Panek, Z. und E. Kancliř, Silikaty, 13, (3) (1969) 255.
(33) Chesters, J. und C.W. Parmelee, J. Am. Ceram. Soc., 18, (1935) 94-100.
(34) Rigby, G.R., Hutton, R.F. und B.G. Hamilton, J. Am. Ceram. Soc., 46, (1963) 332.
(35) Laming, J., Tonind.-Ztg. 91, (1967) 294.
(36) Richardson, H.M., Diskussionsbeitrag, Refract. J. 39, (1963) 80.
(37) Mörtl, G., Skalla, N., Weidner, A. und W. Zednicek, Radex-Rundschau, 4, (1965) 559.
(38) Kancliř, E. und K.H. Lim, Ber. SAV, Bratislava, (1966).
(39) El-Shahat, R.M. und J. White, Trans. Brit. Ceram. Soc., 63, (1964) 313.

(40) Krönert, W. und P. Haubert, REM-Untersuchg. im System $CaO-MgO-Cr_2O_3-SiO_2$, BEDO, Bd. 5 (1972) (im Druck).
(41) El-Shahat, R.M. und J. White, Trans. Brit. Ceram. Soc., 65, (1966) 497.
(42) Schlaudt, C.M. und D.M. Roy, J. Am. Ceram. Soc., 49, (1966) 430.
(43) Panek, Z. und E. Kanclíř, Silikaty 13, (3) (1969) 203.
(44) Hatfield, T. und C. Richmond, Trans. Brit. Ceram. Soc., 69, (1970) 99.
(45) Gee, K.W., The System $MgO-SiO_2-Cr_2O_3$, Thesis, 142, Sheffield, Univ. Libr. 1940.
(46) Paravano, G., J. Am. Chem. Soc., 74, (1952) 6123-25.
(47) Bickelhaupt, R.E., Reaction Kinetics and Diffusion Phenomena in the System $MgO-Cr_2O_3$, Ph.D. Thesis, Univ. Illinois, (1963).
(48) Hench, L.L., Sintering and Reactions of MgO and Cr_2O_3, Ph.D. Thesis, Ohio State Univ. (1964).
(49) Schmalzried, H., Festkörperreaktionen, Verlag Chemie, Weinheim (1971).
(50) Gmelin, Handbuch der anorg. Chemie, 8. Auflage, CHROM, Teil B, Verlag Chemie, Weinheim (1962) 107-117.
(51) Pande, A. und R. Singh, J. Am. Ceram. Soc., 41, (1958) 394.
(52) Eubank, W.R., J. Am. Ceram. Soc., 34, (1951) 225.
(53) Britton, H.T.S., Gregg, S.J. und G.W. Winsor, Trans. Farad. Soc., 48, (1952) 63.
(54) Gregg, S.J., The Surface Chem. of Solids, N.Y., (1962) 328.
(55) Gregg, S.J., J. Chem. Soc., 33, (1950) 46.
(56) Richardson, F.D., Jeffes, J.H.E. und G. Withers, J. Iron Steel Inst., 166, (1950) 216.
(57) Carter, R.E., J. Am. Ceram. Soc., 44, (1961) 116.
(58) Lindner, R. und A. Åkerstrøm, Z. f. phys. Chemie, 6, (1956) 162.
(59) Lindner, R., Z. f. Elektrochem., 59, (1955) 967.
(60) Lindner, R. und O. Engvist, Arkiv Kemi, 9, (1956) 47174.
(61) Ohba, H., Sugita, K. und K. Shimada, Refractories, Japan, 96, Vol. 18, (1966) 10-22.
(62) Greaves, E.I. und J. MacKenzie, Trans. Brit. Ceram. Soc., 57, (1958) 187.
(63) Scheerer, P.E., Mikami, H.M. und I.A. Tauber, J. Am. Ceram. Soc., 47, (1964) 297.
(64) v. Warthenberg, H. und E. Prophet, Z. anorg. allg. Chem., 208, (1932) 379.
(65) Niesel, K. und P. Thormann, Die Stabilitätsbereiche der Modifikationen des Dikalziumsilikats, Tonind.-Ztg. 91 (1967) 362.
(66) Niesel, K., Der Einfluß des α_L'- und α_H'-Überganges auf die polymorphen Phasenfolgen und die Stabilisierung des Dikalziumsilikats, Wissensch. Ber. Arb. BA. für Materialprüf., Berlin (1973) 117-120.
(67) Zednicek, W., Mineralogische Untersuchungen von Chromerzen verschiedener Lagerstätten der Erde, Radex-Rundschau (1969) 650-680, 693-728.
(68) Hayhurst, A., Ph.D. Thesis, Sheffield Univ., England (1961).
(69) Reijnen, P., in Proc. 5th. Internat. Symposium on Reactivity of Solids, Elsevier, Amsterdam (1965).
(70) White, J., J. Iron Steel Inst. 200 (1962) 611.
(71) White, J., in Refractory Materials, Vol. 5-I, Academic Press, New York and London (1970) 77 ff.
(72) Rait, J.R., Basic Refractories, Their Chemistry and Performance, Iliffe, London (1950).
(73) Krönert, W. und W. Zednicek, Radex-Rundschau (1974) 160-203.

Anhang

a) Tabellen

Tab. 1: Phasenkombinationen in basischen Erzeugnissen als Funktion des CaO/SiO_2-Verhältnisses nach White (2)

Molverhältnis CaO/SiO_2					
0 - 1,0	1,0 - 1,5	1,5 - 2,0		> 2,0	
Magnesiowüstit	Magnesiowüstit	Magnesiowüstit	Magnesiowüstit	Magnesiowüstit	Magnesiowüstit
Spinell	Spinell	Spinell	Spinell	C_2S	CaO
Forsterit	Monticellit	Merwinit	C_2S	C_3S	C_3S
Monticellit	Merwinit	C_2S	Kalzium-Ferrite	Kalzium-Ferrite	Kalzium-Ferrite
			-Aluminate u. -Chromite	-Aluminate u. -Chromite	-Aluminate u. -Chromite

Tab. 2: Zusammensetzung und Temperatur der Invarianzpunkte im System $MgO - Cr_2O_3 - SiO_2$

Phasen im Gleichgewicht	Zusammensetzung (Gew.-%)			Temp.
	MgO	Cr_2O_3	SiO_2	(° C)
Eutektikum F	59	1	40	1850±10
MgO, M_2S, MK, Schmelze				
Eutektikum E				
MS, SiO_2, MK, Schmelze	34,5	1	64,5	1546±3
Reaktionspunkt R				
M_2S, MS, MK, Schmelze				
Reaktionspunkt P				
MK, SiO_2, Cr_2O_3, Schm.	0,5	0,5	99	1710±10

Tab. 3: Hochtemperatur-Metalle

Metalle	Schmelzpunkt °C	max. Anwendg.-temperatur °C	spez. elektr. Widerstand µΩcm	Dampfdruck bei 2500°C (mm Hg)	Spez. Gew. (g/cm^3)	chem. Beständigk.	mech. Eigensch.
Wolfram (W)	3400±20	2500 (H_2) 1500 (N_2)	5,5	10^{-7}	19,3	O_2 (n b)	sehr hart
Rhenium (Re)	3170±20	2200 (H_2,N_2)		10^{-5}	20,53	O_2 (n b)	
Tantal (Ta)	2990±20	2800 (He,Vak) 2000 (N_2)	12,5	10^{-5}	16,6	O_2,H_2 (n b)	masch. Verarbtg. sehr gut
Molybdän (Mo)	2620±20	2200 (H_2,Vak) 1500 (N_2)	5,2	10^{-3}	10,2	O_2 (n b)	leicht. zu bearb. als Wolfram
Iridium (Ir)	2450±10	2340 (Ar,Vak)	4,7	10^{-3}	22,4	O_2, oberh. 1150°C (b)	spröde bei nied. Temp.
Niob (Nb)	2410±10	2400 (He)	14,1	10^{-3}	8,4	N_2,H_2,O_2, (n b)	n. so gut w. Tantal
Platin (Pt)	1770± 5	1700 (He,Vak) 1600	9,85	10^{-1}	21,45	reduz.Atm.(n b) m.C + S,Silik.	g. zu bearbeiten
Rhodium (Rh)	1965± 4	1750	4,3	10^{-1}	12,5	O_2, oberh. 1100°C (b)	gut zu bearbeiten

n b = nicht beständig

b = beständig

Tab. 4: Schmelzpunkt von Picrochromit ($MgO \cdot Cr_2O_3$) nach Literaturangaben

Autor	Schmelzpkt. °C	Jahr	Literaturstelle
v. Wartenberg u. Prophet	2350	1932	64
Gee	2270	1940	45
Wilde u. Rees	2200	1943	14
Keith	2180	1954	15
Alper u. Mitarb.	2390	1964	10
Panek u. Kancliř	2330	1969	32

Tab. 5: Die thermische Ausdehnung des Picrochromits (25)

Temp. (°C) :	200	300	400	600	800	1000	1200
lineare therm. Ausdehnung zw. 100°C u. T°C :	0,06	0,12	0,19	0,34	0,52	0,71	0,90
mittl. therm. Ausdehnungs-koeffizient zw. 100°C u. T°C :	5,8	6,2	6,5	6,8	7,2	7,9	8,2

Tab. 6: Zusammensetzung, Brenntemperatur und Analyse der synthetisierten Verbindungen

Mineral	Chem. Formel	Abkürzung	Mol. Gew.	Gew.-Verh. der Oxide	max. Brenntemp. (^{o}C)	Analyse
Dikalzium-silikat	Ca_2SiO_4	C_2S	172,22	$CaO : SiO_2$ = 65,12 : 34,88	1500	rtg., an. CaO
Monti-cellit	$CaMgSiO_4$	CMS	156,48	$CaO : MgO : SiO_2$ = 35,84:25,76:38,40	1400	rtg., an. CaO, MgO
Forsterit	Mg_2SiO_4	M_2S	140,71	$MgO : SiO_2$ = 57,29 : 42,71	1400	rtg., an. MgO
Merwinit	$Ca_3MgSi_2O_8$	C_3MS_2	328,68	$CaO:MgO:SiO_2$ = 51,18:12,26:36,56	1400	rtg., an. CaO, MgO
Picro-chromit	$MgCr_2O_4$	MK	192,34	$Cr_2O_3 : MgO$ = 79,04 : 20,96	1400	rtg., an. MgO

rtg. = röntgenographisch, an. = chemisch analytisch
CaO = Freikalkbestimmung, MgO = freie MgO-Bestimmung

Tab. 7: Zusammensetzung der $MgO \cdot Cr_2O_3$ - $2MgO \cdot SiO_2$-Mischungen

Nr.	$MgO \cdot Cr_2O_3$/	$2MgO \cdot SiO_2$	
1	70	30	(Gewichtsprozent)
2	50	50	
3	30	70	
4	15	85	
5	10	90	
6	5	95	
7	2,5	97,5	

Tab. 8: Phasen in abgeschreckten Proben des Systems $MgO \cdot Cr_2O_3$ - $2MgO \cdot SiO_2$

$MgO \cdot Cr_2O_3$	$2MgO \cdot SiO_2$	Temperatur °C	identif. Phasen	
70	30 (Gew.-Proz.)	2090	Schm.,	MK
		2065	Schm.,	MK
50	50	2000	Schm.,	MK
		1750	MK,	M_2S
		1600	MK,	M_2S
		1910	Schm.,	MK
30	70	1910	Schm.,	MK
		1810	Schm.,	MK
		1720	MK,	M_2S
		1670	MK,	M_2S
15	85	1870	Schm.,	MK
		1770	Schm.,	MK
		1700	MK,	M_2S
10	90	1710	MK,	M_2S
		1830	Schm.	
		1780	Schm.,	MK
5	95	1850	Schm.	
		1800	Schm.,	M_2S
		1760	Schm.,	M_2S, MK
2,5	97,5	1860	Schm.,	M_2S (Spuren)
		1820	Schm.,	M_2S
		1700	MK,	M_2S

MK = $MgO \cdot Cr_2O_3$ M_2S = $2MgO \cdot SiO_2$ Schm. = Schmelze

Tab. 9: Bestimmung der Solidustemperatur im System $MgO \cdot Cr_2O_3 - 2MgO \cdot SiO_2$

MK / M_2S Gew.-Proz.		Ausbildung der Hauptpeaks Forsterit 2,458 Å	Picrochromit 2,512 Å	Temp. °C
70	30	deformiert	gut	1770
50	50	deformiert	gut	1750
30	70	deformiert	gut	1750
15	85	deformiert	gut	1760
10	90	deformiert	gut	1750
5	95	deformiert	deformiert	1750

Tab. 10: Bestimmung der Liquidustemperaturen im System Picrochromit - Forsterit

MK : M_2S		MK-Peak 2,512 Å	Temperatur °C	Durchschn.-Temp. °C
Gew.-Proz.				
70	30	unv.		2200
50	50	s. s.	2200	
		n. b.	2200	
		n. b.	2210	2200 ± 10
30	70	n. b.	2080	
		s. s.	2070	
		s. s.	2070	2070 ± 10
15	85	s. s.	1920	
		s. s.	1910	
		n. b.	1920	1920 ± 10
10	90	s. s.	1800	
		n. b.	1830	
		s. s.	1810	1810 ± 10
5	95	s. s.	1840	
		s. s.	1830	
		n. b.	1840	1840 ± 10
2,5	97,5	s. s.	1850	
		s. s.	1850	
		s. s.	1840	

unv. = unverändert
s. s. = sehr schwach
n. b. = nicht zu beobachten

Tab. 11: Zusammensetzung der Dikalziumsilikat-Picrochromit-Mischungen

Nr.	Forsterit	Picrochromit	
1	85	15	Gew.-Proz.
2	60	40	
3	40	60	
4	35	65	
5	30	70	
6	25	75	
7	20	80	
8	15	85	
9	10	90	

Tab. 12: Nachgewiesene Phasen im System $MgO \cdot Cr_2O_3$ - $2CaO \cdot SiO_2$ (Abschreckversuche)

$MgO \cdot Cr_2O_3$	$2CaO \cdot SiO_2$	Temperatur (°C)	Phasen	
80	20 Gew.-Proz.	2080	Schm.,	MK
		2000	Schm.,	MK
		1900	Schm.,	MK
60	40	1800	Schm.,	MK
		1850	Schm.,	MK
40	60	1670	Schm.,	MK, C_2S-Spuren
		1740	Schm.,	MK
		1550	MK,	C_2S
35	65	1680	Schm.,	MK, C_2S-Spuren
		1840	Schm.,	MK
		1700	Schm.,	MK
		1500	MK,	C_2S
30	70	1570	MK,	C_2S
		1650	MK,	C_2S
		1750	Schm.,	MK
25	75	1650	Schm.,	MK, C_2S-Spuren
		1700	Schm.,	MK
		1750	Schm.,	MK
		1800	Schm.,	MK
20	80	1600	MK,	C_2S
		1700	Schm.,	MK-Spuren
		1750	Schm.	
		1720	Schm.	
		1670	Schm.,	MK, C_2S
15	85	1600	MK,	C_2S
		1680	Schm.,	C_2S
		1750	Schm.,	C_2S
		1800	Schm.	
		1700	Schm.,	C_2S
10	90	1750	Schm.,	C_2S
		1700	Schm.,	C_2S

MK = $MgO \cdot Cr_2O_3$ C_2S = α'- bzw. β-Dikalziumsilikat

Schm. = Schmelze

Tab. 13: Beurteilung von Tabletten aus den Versuchsmischungen nach dem 24-stündigen Brand bei 1.700°C

$MgO \cdot Cr_2O_3$	$2CaO \cdot SiO_2$		Befund
60	40	Gew.-Proz.	keine Veränderung
40	60		keine Veränderung
35	65		keine Veränderung
30	70		am Rande sehr gering
25	75		teilweise geschmolzen
20	80		total geschmolzen
15	85		teilweise geschmolzen
10	90		teilweise geschmolzen

Tab. 14: Solidustemperatur im System Picrochromit - Dikalziumsilikat aus Hochtemperatur-Röntgendaten

$MgO \cdot Cr_2O_3$	$2CaO \cdot SiO_2$		Temperatur °C
85	15	Gew.-Proz.	1670
			1680
			1670
60	40		1680
			1670
			1680
40	60		1680
			1670
			1670
35	65		1670
			1680
			1680
30	70		1670
			1680
			1680
25	75		1680
			1680
			1690
20	80		1680
			1670
			1690

Tab. 15: Liquidus-Temperaturen im System $MgO \cdot Cr_2O_3$ - $2CaO \cdot SiO_2$

$MgO \cdot Cr_2O_3$	$2CaO \cdot SiO_2$	Picrochromit (311)-Peak	Temperatur °C	Durchschn.-Temp. °C
40	60 Gew.-Proz.	sehr schwach	2150	
		sehr schwach	2130	2140
35	65	verschwunden	2080	
		verschwunden	2060	
		sehr schwach	2080	2070
30	70	verschwunden	1970	
		verschwunden	1960	
		verschwunden	1960	1960
25	75	verschwunden	1870	
		verschwunden	1860	
		verschwunden	1870	1870
20	80	sehr schwach	1680	
		sehr schwach	1670	
		verschwunden	1680	1680
		Dikalziumsilikat (400/260)-Peak		
20	80	verschwunden	1680	
		verschwunden	1680	
		verschwunden	1680	1680
15	85	verschwunden	1850	
		verschwunden	1830	
		verschwunden	1840	1840
10	90	sehr schwach	1960	
		verschwunden	1940	
		verschwunden	1950	1950

Tab. 16: Untersuchte Mischungen im System $MgO \cdot Cr_2O_3$ - $3CaO \cdot MgO \cdot 2SiO_2$ - $CaO \cdot MgO \cdot SiO_2$

$MgO \cdot Cr_2O_3$	$3CaO \cdot MgO \cdot 2SiO_2$	$CaO \cdot MgO \cdot SiO_2$	
10	45	45	Gew.-Proz.
10	60	30	
10	75	15	
10	30	60	
10	15	75	
25	45	30	
25	55	20	
25	65	10	
25	30	45	
25	20	55	
25	10	65	
40	10	50	
40	20	40	
40	30	30	
40	40	20	
40	50	10	
70	20	10	
70	15	15	
70	10	20	

Tab. 17: Identifizierte Phasen im Pseudo-System $MgO \cdot Cr_2O_3$ - $3CaO \cdot MgO \cdot 2SiO_2$ - $CaO \cdot MgO \cdot SiO_2$

MK	C_3MS_2	CMS	Temperatur (^oC)	Identifizierte Phasen		
10	45	45 Gew.-Proz.	1450	MK,	C_3MS_2,	CMS
			1470	MK,	C_3MS_2,	Schm.
			1490	MK,	C_3MS_2,	Schm.
			1510	MK,	C_3MS_2,	Schm.
			1550	MK,	MgO,	Schm.
			1600	MK,	Schm.	
			1700	Schm.		
10	60	30	1450	MK,	C_3MS_2,	CMS
			1470	MK,	C_3MS_2,	Schm.
			1490	MK,	C_3MS_2,	Schm.
			1510	MK,	C_3MS_2,	Schm.
			1550	MK,	β-, α'-C_2S,	MgO, Schm.
			1600	MK,	β-, α'-C_2S,	Schm.
			1700	MK,	Schm.	
10	75	15	1450	MK,	C_3MS_2,	CMS
			1470	MK,	C_3MS_2,	CMS
			1490	MK,	C_3MS_2,	Schm.
			1510	MK,	C_3MS_2,	Schm.
			1560	MK,	β-, α'-C_2S,	MgO, Schm.
			1600	MK,	β-, α'-C_2S,	Schm.
			1650	β-,	α'-C_2S,	Schm.
			1700	Schm.		
10	30	60	1470	MK,	C_3MS_2,	CMS, Schm.
			1510	MK,	C_3MS_2,	MgO, Schm.
			1550	MK,	MgO,	Schm.
			1600	MK,	MgO,	Schm.
			1640	MK,	MgO,	Schm.
			1700	MK,	Schm.	
			1750	Schm.		
10	15	75	1470	MK,	C_3MS_2,	CMS
			1510	MK,	C_3MS_2,	MgO, Schm.
			1550	MK,	MgO,	Schm.
			1600	MK,	MgO,	Schm.
			1700	MK,	MgO,	Schm.
			1750	MK,	MgO,	Schm.

Tab. 17: Fortsetzung I

MK	C_3MS_2	CMS	Temperatur (^oC)	Identifizierte Phasen
10	15	75 Gew.-Proz.	1800	Schm.
25	45	30	1450	MK, C_3MS_2, CMS
			1470	MK, C_3MS_2, Schm.
			1490	MK, C_3MS_2, Schm.
			1510	MK, C_3MS_2, Schm.
			1560	MK, MgO, β-, α'-C_2S, Schm.
			1600	MK, MgO, Schm.
			1630	MK, MgO, Schm.
			1650	MK, Schm.
25	55	20	1450	MK, C_3MS_2, CMS
			1470	MK, C_3MS_2, Schm.
			1490	MK, C_3MS_2, Schm.
			1510	MK, C_3MS_2, Schm.
			1560	MK, MgO, β-, α'-C_2S, Schm.
			1600	MK, MgO, β-, α'-C_2S, Schm.
			1630	MK, β-, α'-C_2S, Schm.
			1650	MK, Schm.
25	65	10	1450	MK, C_3MS_2, CMS
			1470	MK, C_3MS_2, Schm.
			1490	MK, C_3MS_2, Schm.
			1510	MK, C_3MS_2, Schm.
			1560	MK, β-, α'-C_2S, MgO, Schm.
			1630	MK, β-, α'-C_2S, Schm.
			1660	MK, Schm.
25	30	45	1450	MK, C_3MS_2, CMS
			1470	MK, C_3MS_2, Schm.
			1490	MK, MgO, C_3MS_2, Schm.
			1510	MK, MgO, Schm.
			1550	MK, MgO, Schm.
			1650	MK, MgO, Schm.
			1700	MK, MgO, Schm.
			1750	MK, Schm.
25	10	65	1450	MK, C_3MS_2, CMS
			1470	MK, C_3MS_2, Schm.
			1490	MK, MgO, C_3MS_2, Schm.
			1510	MK, MgO, Schm.

Tab. 17: Fortsetzung II

MK	C_3MS_2	CMS	Temperatur (^oC)	Identifizierte Phasen
25	10	65 Gew.-Proz.	1550	MK, MgO, Schm.
			1650	MK, MgO, Schm.
			1750	MK, Schm.
40	40	20	1450	MK, C_3MS_2, CMS
			1470	MK, C_3MS_2, Schm.
			1490	MK, C_3MS_2, Schm.
			1510	MK, C_3MS_2, Schm.
			1560	MK, β-, α'-C_2S, MgO, Schm.
			1600	MK, β-, α'-C_2S, MgO, Schm.
			1630	MK, β-, α'-C_2S, Schm.
			1650	MK, Schm.
40	50	10	1450	MK, C_3MS_2, CMS
			1470	MK, C_3MS_2, Schm.
			1560	MK, β-, α'-C_2S, MgO, Schm.
			1600	MK, β-, α'-C_2S, MgO, Schm.
			1630	MK, β-, α'-C_2S, Schm.
			1660	MK, Schm.
40	30	30	1450	MK, C_3MS_2, CMS
			1470	MK, C_3MS_2, Schm.
			1490	MK, C_3MS_2, Schm.
			1510	MK, C_3MS_2, Schm.
			1560	MK, β-, α'-C_2S, MgO, Schm.
			1600	MK, MgO, Schm.
			1650	MK, Schm.
40	20	40	1450	MK, C_3MS_2, CMS
			1470	MK, C_3MS_2, Schm.
			1490	MK, C_3MS_2, Schm.
			1510	MK, MgO, Schm.
			1550	MK, MgO, Schm.
			1600	MK, MgO, Schm.
			1650	MK, MgO, Schm.
			1700	MK, Schm.
40	10	50	1450	MK, C_3MS_2, CMS
			1470	MK, C_3MS_2, Schm.
			1490	MK, C_3MS_2, Schm.
			1510	MK, MgO, Schm.

Tab. 17: Fortsetzung III

MK	C_3MS_2	CMS	Temperatur (°C)	Identifizierte Phasen		
40	10	50 Gew.-Proz.	1650	MK,	MgO,	Schm.
			1700	MK,	MgO,	Schm.
			1750	MK,	Schm.	
70	20	10	1450	MK,	C_3MS_2,	CMS
			1470	MK,	C_3MS_2,	Schm.
			1490	MK,	C_3MS_2,	Schm.
			1550	MK,	C_3MS_2,	Schm.
			1560	MK,	β-, α'-C_2S,	MgO, Schm.
			1600	MK,	β-, α'-C_2S,	MgO, Schm.
			1650	MK,	Schm.	
70	10	20	1450	MK,	C_3MS_2,	CMS
			1470	MK,	C_3MS_2,	Schm.
			1490	MK,	C_3MS_2,	Schm.
			1510	MK,	C_3MS_2,	Schm. MgO
			1560	MK,	MgO,	Schm.
			1600	MK,	MgO,	Schm.
			1650	MK,	MgO,	Schm.
			1700	MK,	MgO,	Schm.
			1720	MK,	Schm.	

MK = $MgO \cdot Cr_2O_3$ C_3MS_2 = Merwinit, Schm. = Schmelze

CMS = Monticellit β-, α'-C_2S = β-, α'-Dikalziumsilikat

Tab. 18: Löslichkeit von $MgCr_2O_4$ in C_3MS_2 - CMS

MK	C_3MS_2	CMS	Temperatur (^oC)	rel. Intensität des (311)-Peaks von Picrochromit
25	45	30 Gew.-Proz.	1900	14
			1950	14
			2000	2
			1980	2
			2030	-
25	55	20	1950	9
			1980	1
			2020	-
			2000	1
25	65	10	1950	10
			1980	-
			2000	-
25	30	45	1950	13
			2000	-
			2020	-
25	20	55	1950	10
			1970	4
			2000	1
			2040	-
25	10	65	1950	9
			2000	2
			2020	1
			2000	-
40	20	40	2000	16
			2100	7
			2200	1
40	30	30	2100	6
			2200	3
			2250	-
40	40	20	2100	7
			2170	3
			2200	1
			2230	-
			2210	-
40	50	10	2100	7
			2200	1

Tab. 18: Fortsetzung I

MK	C_3MS_2	CMS	Temperatur (°C)	rel. Intensität des (311)-Peaks von Picrochromit
40	50	10 Gew.-Proz.	2230	-
70	20	10	2100	16
			2200	15
			2230	15
70	15	15	2100	18
			2200	17
			2240	16
70	10	20	2100	14
			2200	14
			2240	12

Tab. 19: Ergebnisse der röntgenographischen Untersuchungen eines gebrannten Gemisches aus 2Mol Cr_2O_3 und 1Mol MgO

Temperatur (°C)	Brennzeit (Std.)	Phasen nach dem Brennen	rel. Menge $MgO \cdot Cr_2O_3$
1000	8	MgO, Cr_2O_3, $MgO \cdot Cr_2O_3$	gering
1300	8	MgO, Cr_2O_3, $MgO \cdot Cr_2O_3$	viel
1500	8	MgO, Cr_2O_3, $MgO \cdot Cr_2O_3$	sehr viel

Tab. 20: Eindringtiefe von Cr^{3+}-Ionen in MgO

Temperatur (°C)	Zeit sek.	Diffusionsschicht (cm) A	B	C
1000	$2,88 \times 10^4$	-	$6,7 \times 10^{-4}$	$6,7 \times 10^{-4}$
1300	$0,72 \times 10^4$	7×10^{-3}	$11,2 \times 10^{-3}$	$18,2 \times 10^{-3}$
1500	$0,72 \times 10^4$	24×10^{-3}	$154,3 \times 10^{-3}$	$178,3 \times 10^{-3}$

A = Dicke der abgetrennten Reaktionsschicht

B = Dicke der grünen Zone in der MgO-Schicht

C = Gesamtdicke

Tab. 21: Daten zur graphischen Darstellung von log k' gegen 1/T

T (^{o}K)	1/T (1/^{o}K)	Zeit (Sek.)	X (cm)	X^2 (cm^2)	K' (cm^2/Sek.)
1273	$7,86x10^{-4}$	$2,88x10^{4}$	$6,7x10^{-4}$	$4,49x10^{-7}$	$1,55x10^{-11}$
1573	$6,37x10^{-4}$	$0,72x10^{4}$	$18,2x10^{-3}$	$3,31x10^{-4}$	$4,60x10^{-8}$
1773	$5,65x10^{-4}$	$0,72x10^{4}$	$178,3x10^{-3}$	$3,18x10^{-2}$	$4,42x10^{-6}$

Tab. 22: Zusammensetzung der Mischungen A 1 - A 6

Mischung A 1

Verhältnis MgO/Cr_2O_3 = 95/5

MgO	:	91,88 %
Cr_2O_3	:	4,85 %
CaO	:	1,27 %
SiO_2	:	1,00 %
Al_2O_3	:	1,00 %

Mischung A 2

Verhältnis MgO/Cr_2O_3 = 90/10

MgO	:	87,05 %
Cr_2O_3	:	9,68 %
CaO	:	1,27 %
SiO_2	:	1,00 %
Al_2O_3	:	1,00 %

Mischung A 3

Verhältnis MgO/Cr_2O_3 = 85/15

MgO	:	82,22 %
Cr_2O_3	:	14,51 %
CaO	:	1,27 %
SiO_2	:	1,00 %
Al_2O_3	:	1,00 %

Mischung A 4

Verhältnis MgO/Cr_2O_3 = 50/50

MgO	:	48,37 %
Cr_2O_3	:	48,36 %
CaO	:	1,27 %
SiO_2	:	1,00 %
Al_2O_3	:	1,00 %

Mischung A 5

Verhältnis MgO/Cr_2O_3 = 20/80

MgO	:	19,36 %
Cr_2O_3	:	77,38 %
CaO	:	1,26 %
SiO_2	:	1,00 %
Al_2O_3	:	1,00 %

Mischung A 6

Verhältnis MgO/Cr_2O_3 = 10/90

MgO	:	9,67 %
Cr_2O_3	:	87,06 %
CaO	:	1,27 %
SiO_2	:	1,00 %
Al_2O_3	:	1,00 %

Tab. 23: Neben dem Hauptbestandteil Periklas in einem Magnesitklinker auftretende Phasen nach Rigby

Molverhältnis	Nebenbestandteile
$CaO/SiO_2 > 2$	$2CaO \cdot SiO_2$ und $4CaO \cdot Al_2O_3 \cdot Fe_2O_3$
$CaO/SiO_2 = 2$	$2CaO \cdot SiO_2$
$CaO/SiO_2 = 1,5 - 2$	$2CaO \cdot SiO_2$; $3CaO \cdot MgO \cdot 2SiO_2$
$CaO/SiO_2 = 1,5$	$3CaO \cdot MgO \cdot 2SiO_2$
$CaO/SiO_2 = 1 - 1,5$	$3CaO \cdot MgO \cdot 2SiO_2$; $CaO \cdot MgO \cdot SiO_2$
$CaO/SiO_2 = 1$	$CaO \cdot MgO \cdot SiO_2$
$CaO/SiO_2 < 1$	$CaO \cdot MgO \cdot SiO_2$; $2MgO \cdot SiO_2$

Tab. 24: Neubildungen bei der Reaktion zwischen Cr_2O_3 und Silikaten

Gemisch	Cr_2O_3 : Silikat Gew.-Proz.	Brenntemp./Zeit		röntgenograph. identifizierte Phasen
$Cr_2O_3 : M_2S$	68,4 : 31,6	1300°C	10 Std.	Cr_2O_3; MK; Crist; M_2S
		1500°C	24 Std.	MK; Crist.
Cr_2O_3 : CMS	66,1 : 33,9	1300°C	10 Std.	Cr_2O_3; MK; β-Woll. Spuren CMS
		1500°C	24 Std.	MK; Cr_2O_3; CS α- und β-Woll.
$Cr_2O_3 : C_3MS_2$	48 : 52	1300°C	10 Std.	Cr_2O_3; MK; γ-C_2S; Woll.; Spuren C_3MS_2
		1500°C	24 Std.	MK; Cr_2O_3; α'-C_2S; Woll.
$Cr_2O_3 : C_2S$	63,7 : 36,3	1300°C	10 Std.	keine Reaktion
		1500°C	24 Std.	Cr_2O_3; C_2S; C_2KS_3; vermutlich CK

M_2S = Forsterit, CMS = Monticellit
C_3MS_2 = Merwinit, C_2S = Dikalziumsilikat
CS = Wollastonit, MK = Picrochromit
C_3KS_3 = $3CaO \cdot Cr_2O_3 \cdot 3SiO_3$, CK = $CaO \cdot Cr_2O_3$

b) Abbildungen

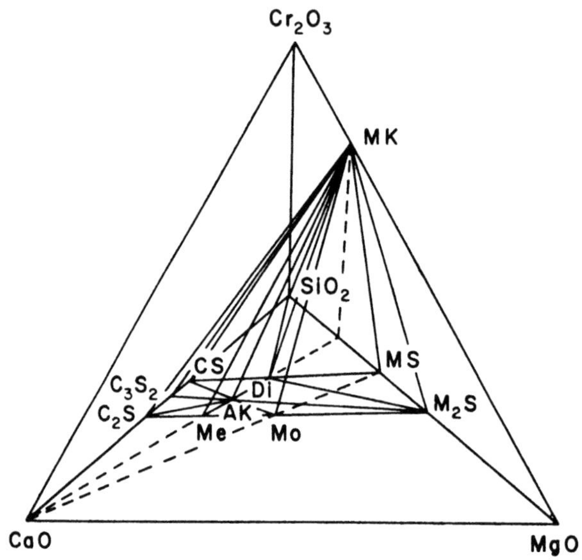

Abb. 1: Das System CaO - Cr_2O_3 - MgO - SiO_2 nach Ford u. Rees (1)

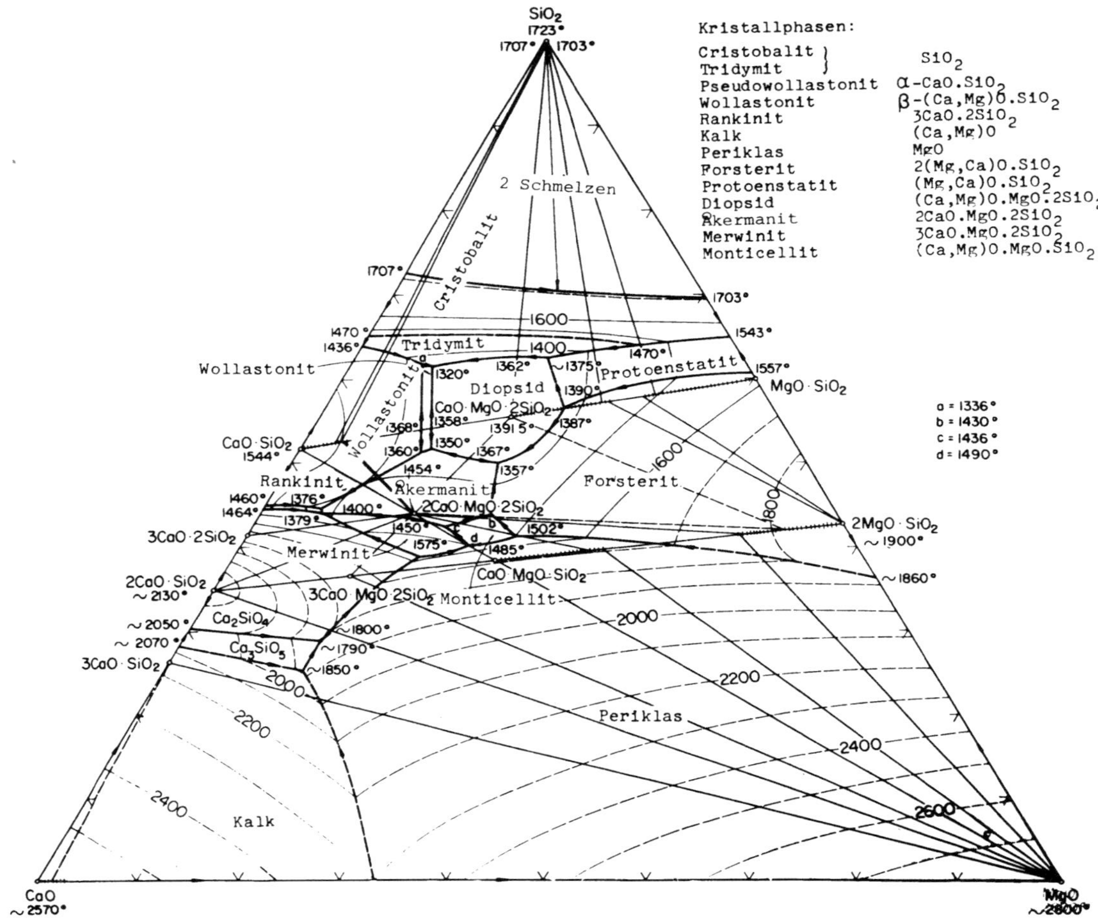

Abb. 2: Das System CaO - MgO - SiO_2 nach Osborn u. Muan (3)

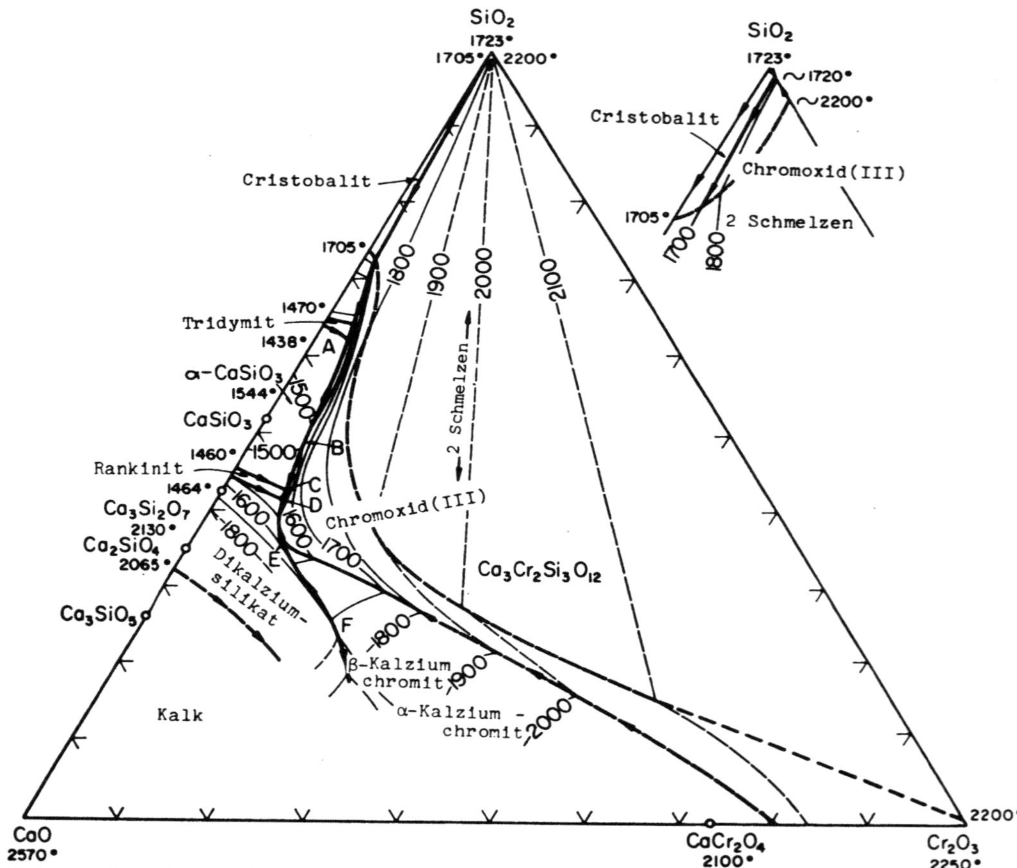

Abb. 3: Das System CaO - Cr_2O_3 - SiO_2 nach Glasser u. Osborn
Temperaturen der Invarianzpunkte: A=1418, B=1514, C=1407, D=1430, E=1556, F=1720°C (5)

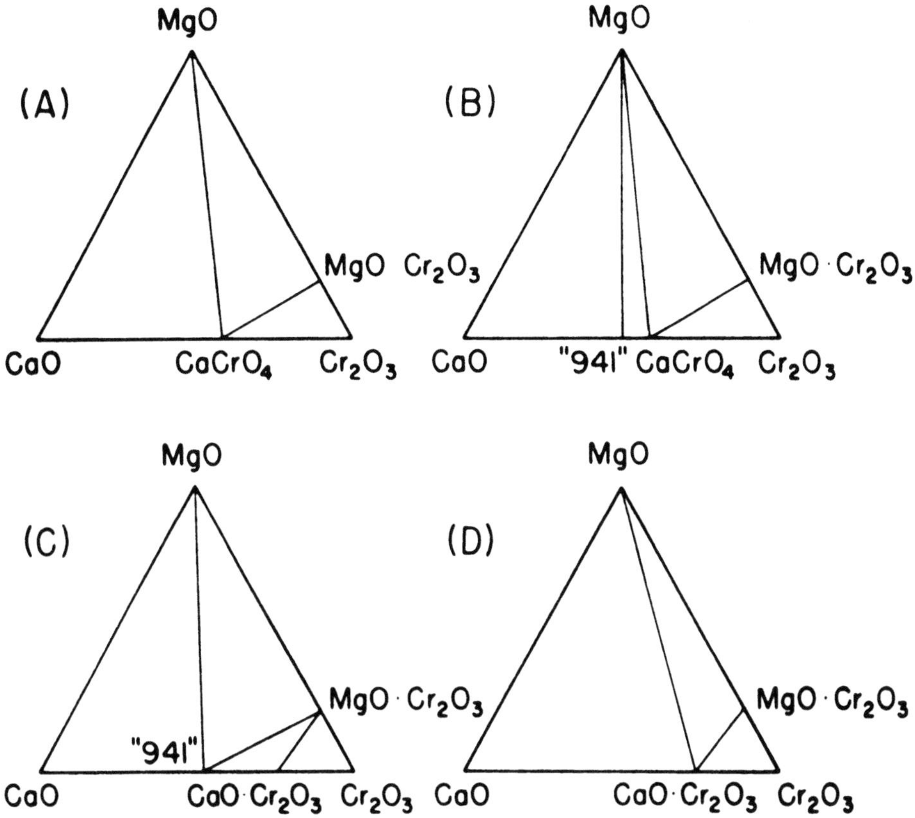

Abb. 4: Das System CaO - Cr_2O_3 - MgO nach Ford u. Rees (1)

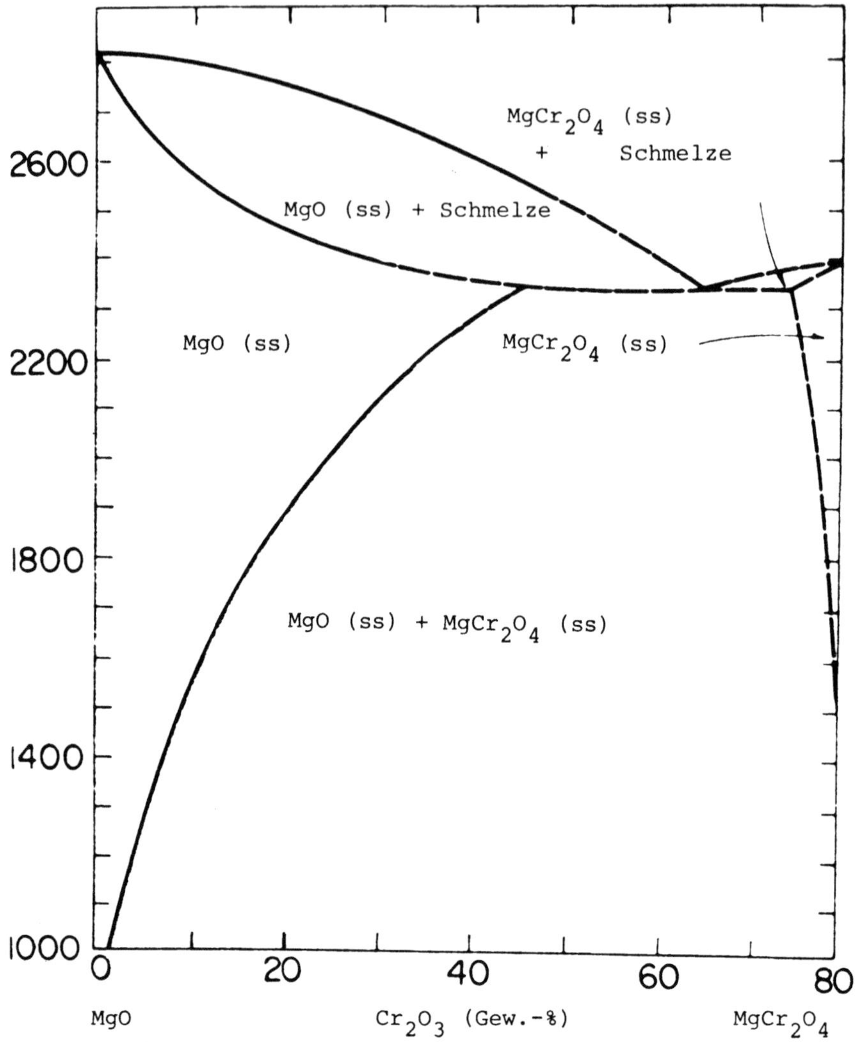

Abb. 5: Das System MgO - $MgCr_2O_4$ nach Alper, McNally, Doman u. Keihn (10)

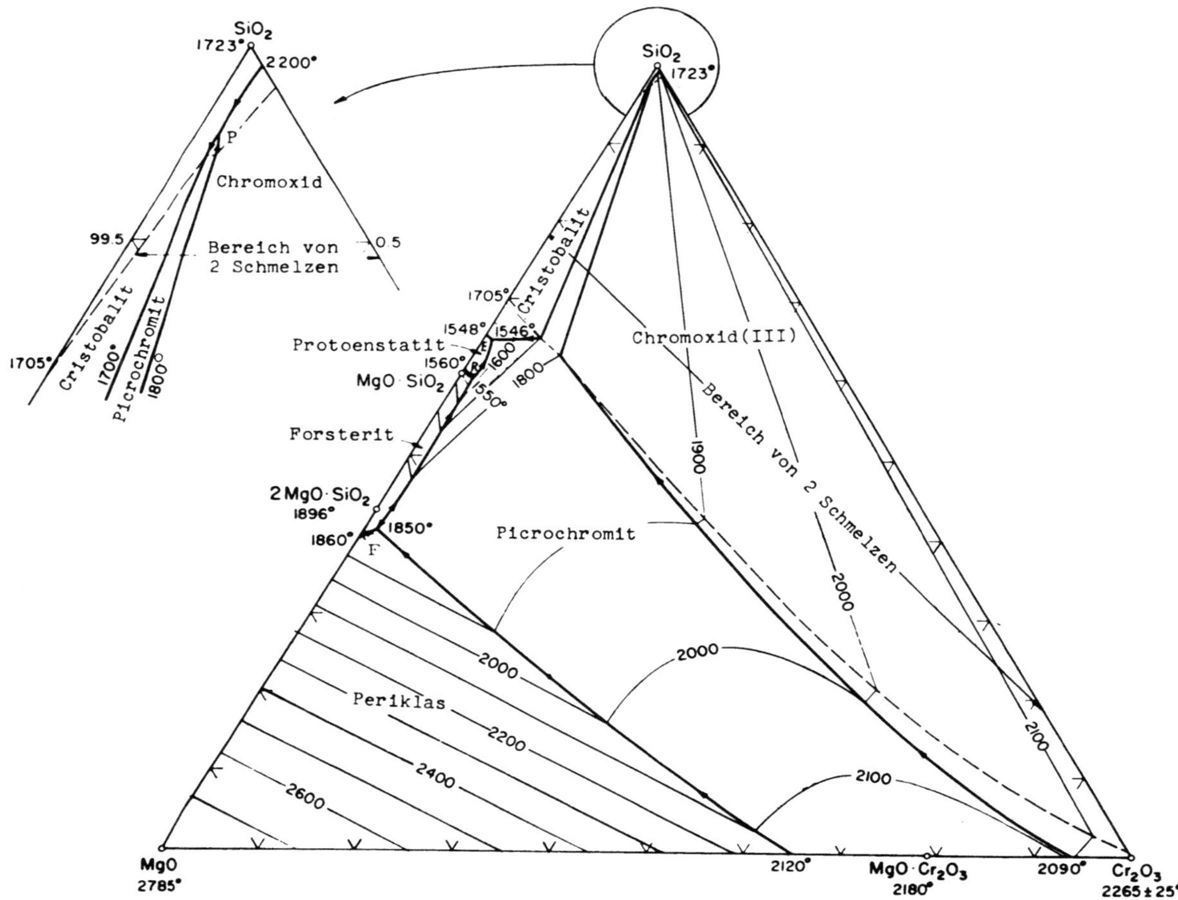

Abb. 6: Das System MgO - Cr_2O_3 - SiO_2 nach Keith (15)
Temperaturen der Invarianzpunkte: A=1418, B=1514, C=1407, D=1430, E=1556, F=1720 °C

Abb. 7: Hochtemperatur-Röntgenkammer

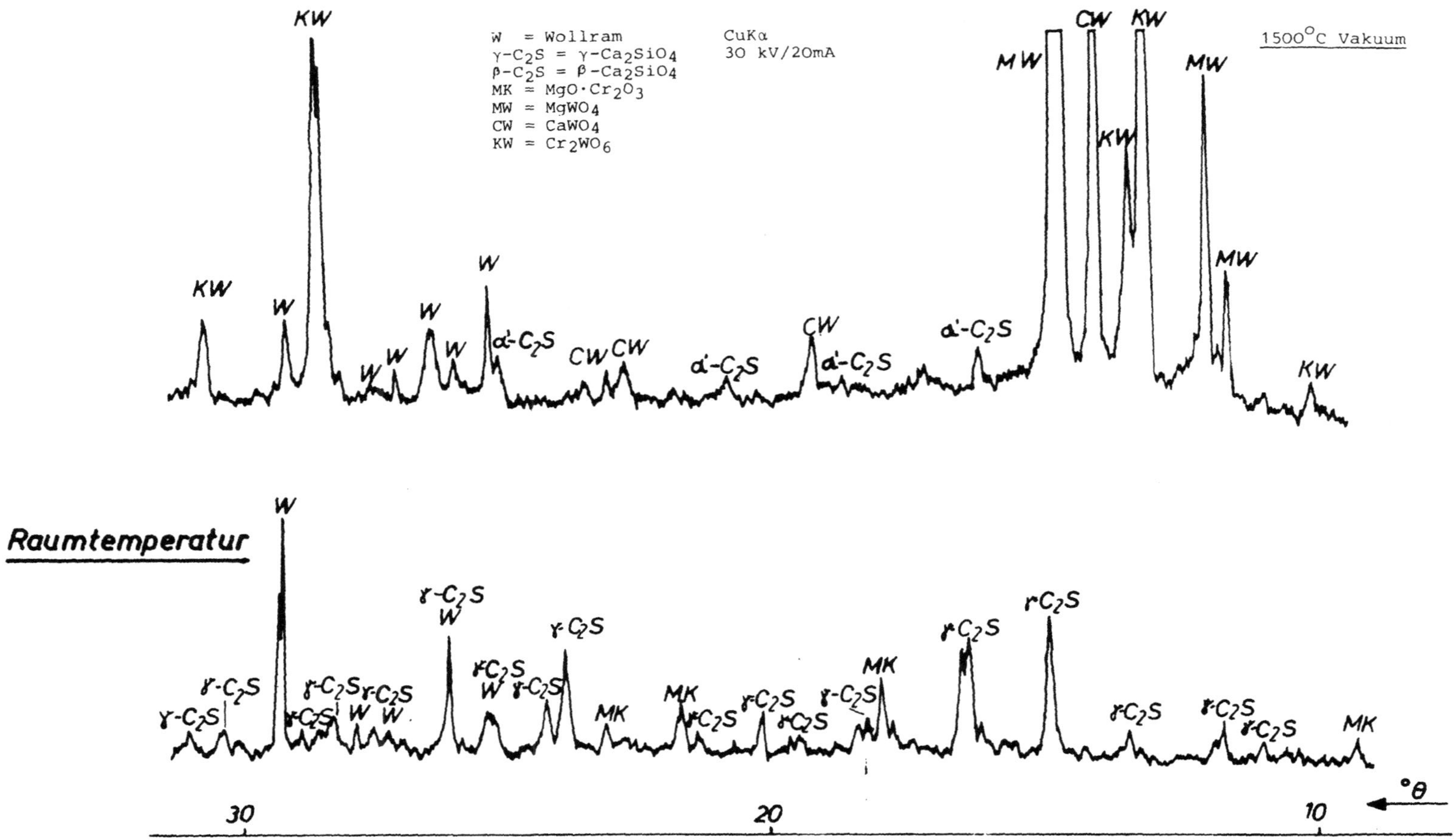

Abb. 8: Röntgenbeugungsaufnahme eines Gemisches von $MgO \cdot Cr_2O_3$ und $2CaO \cdot SiO_2$ auf einem W-Blech nach dem Erhitzen

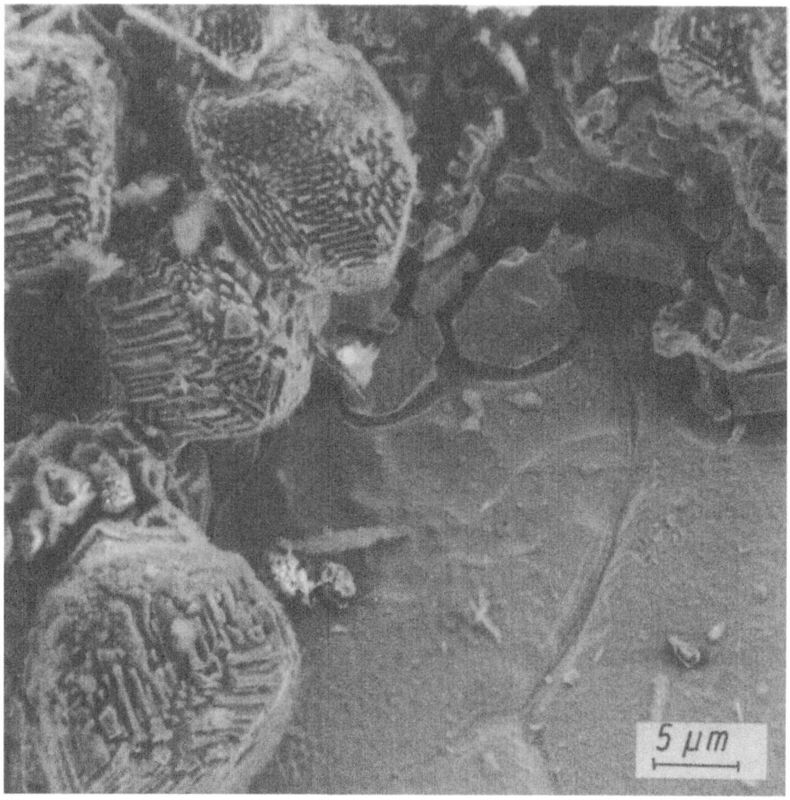

Abb. 9: REM-Aufnahme eines Gemisches von $MgO \cdot Cr_2O_3$ und $2CaO \cdot SiO_2$ (1800°C in Vakuum)

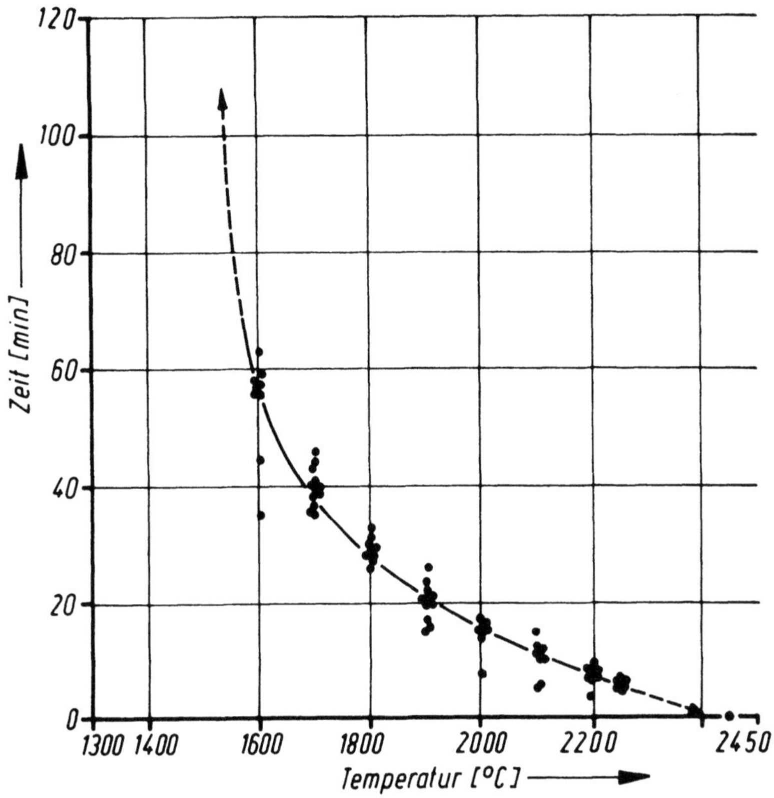

Abb. 10: Durchschnittliche Lebensdauer der Iridium-Bleche in der Hochtemperatur-Röntgenkammer als Funktion der Temperatur

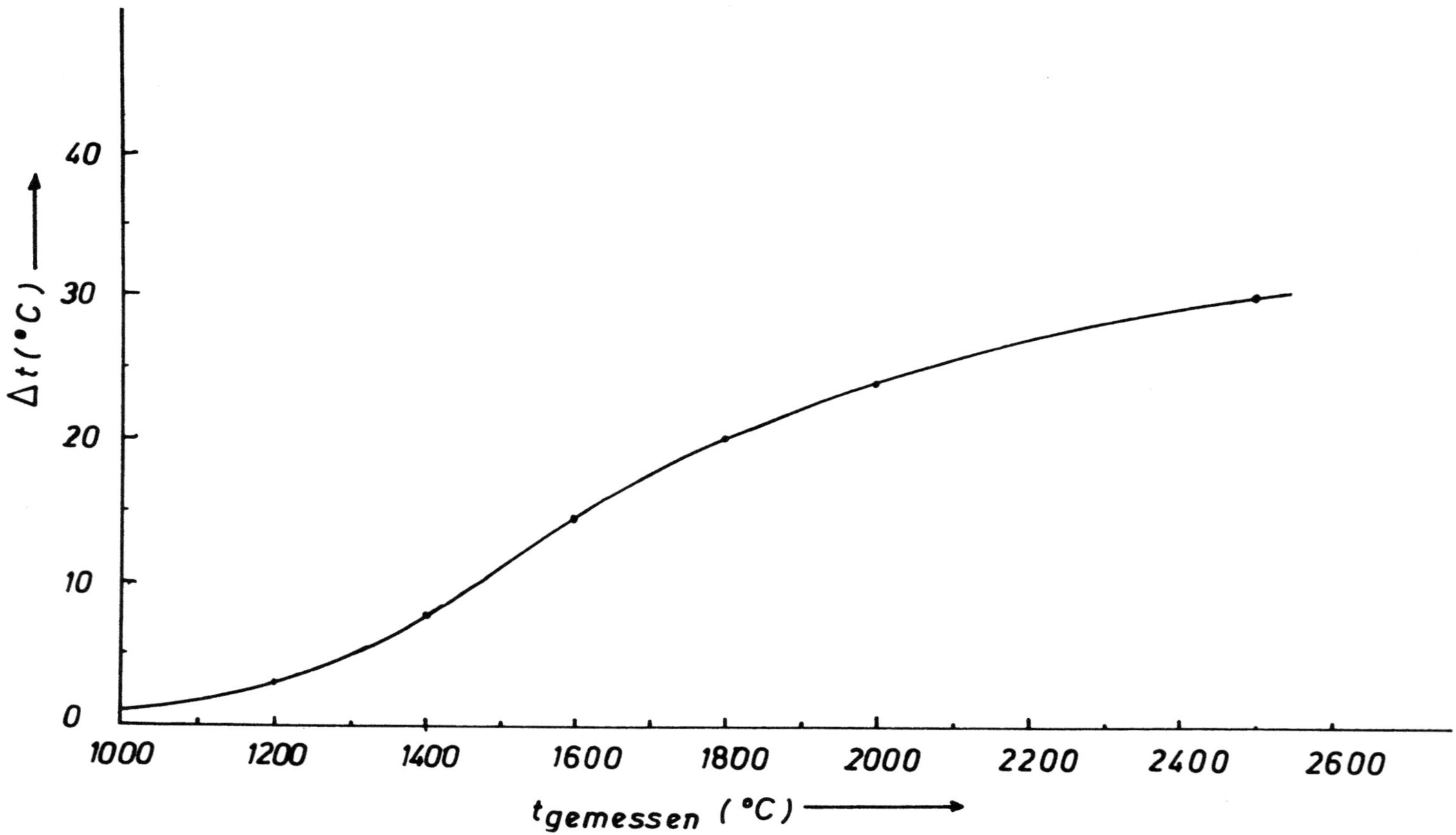

Abb. 11: Temperaturkorrektur für Vorsatzlinse A - F des Mikropyrometers der Fa. Pyro-Werke Hannover

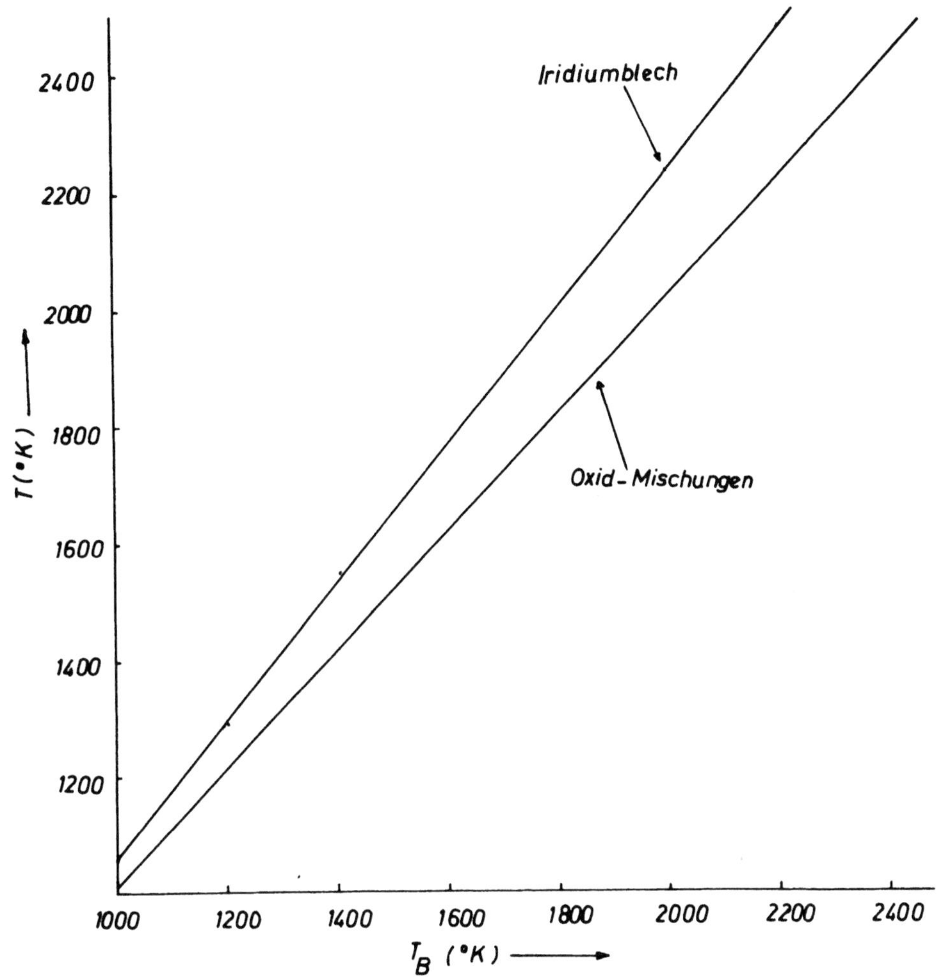

Abb. 12: Temperaturkorrektur mit Hilfe des Strahlungskoeffizienten (E_λ)

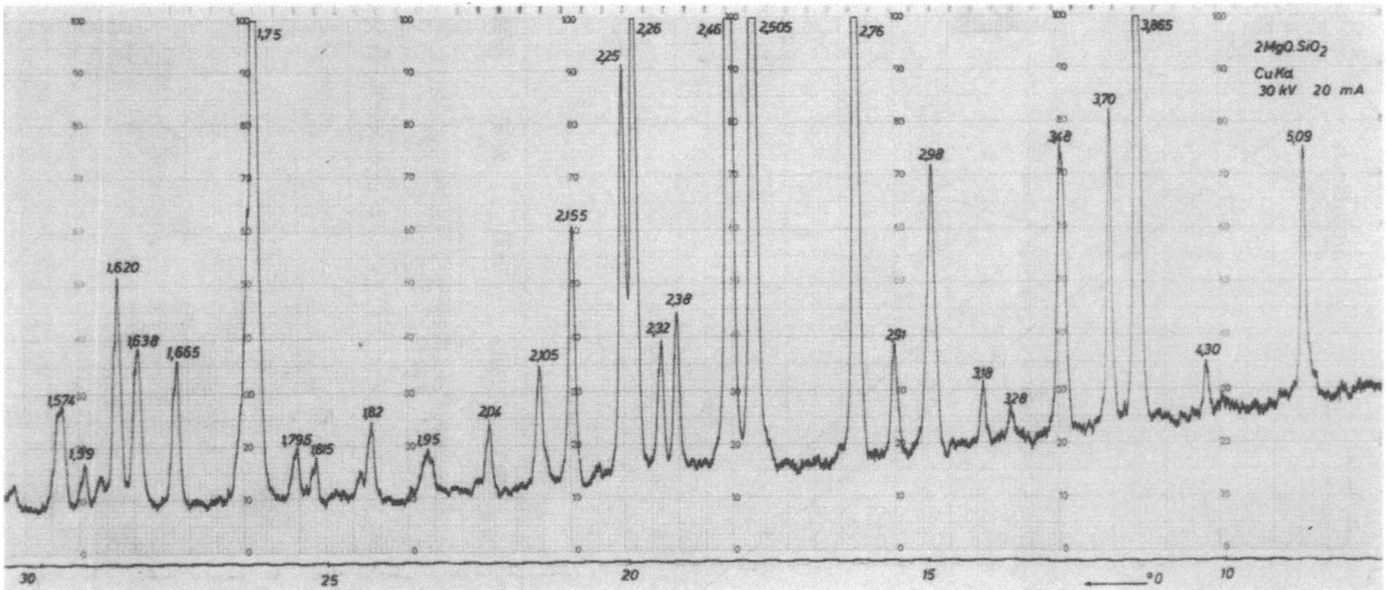

Abb. 13: Röntgenbeugungsaufnahme des Forsterits

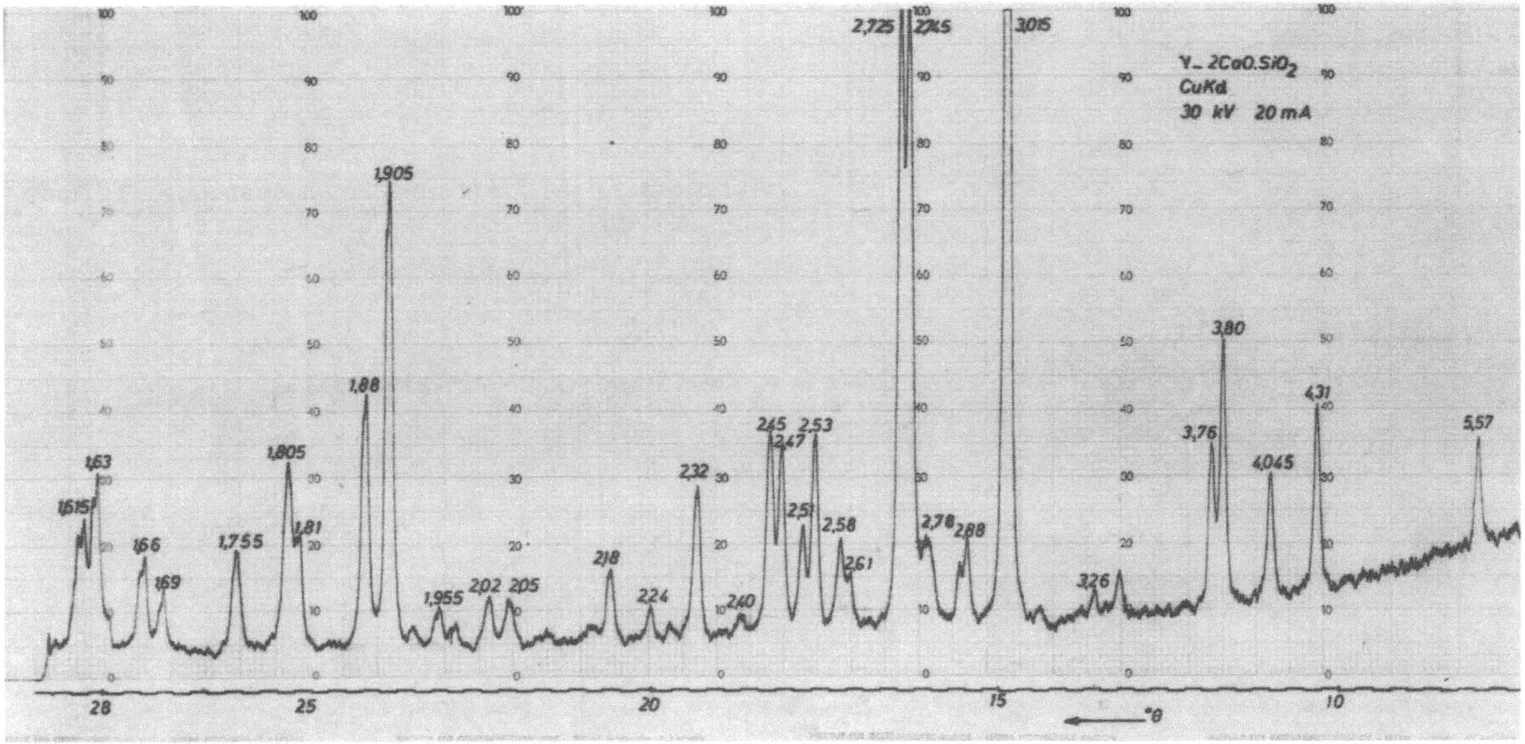

Abb. 14: Röntgenbeugungsaufnahme des γ-Dikalziumsilikates

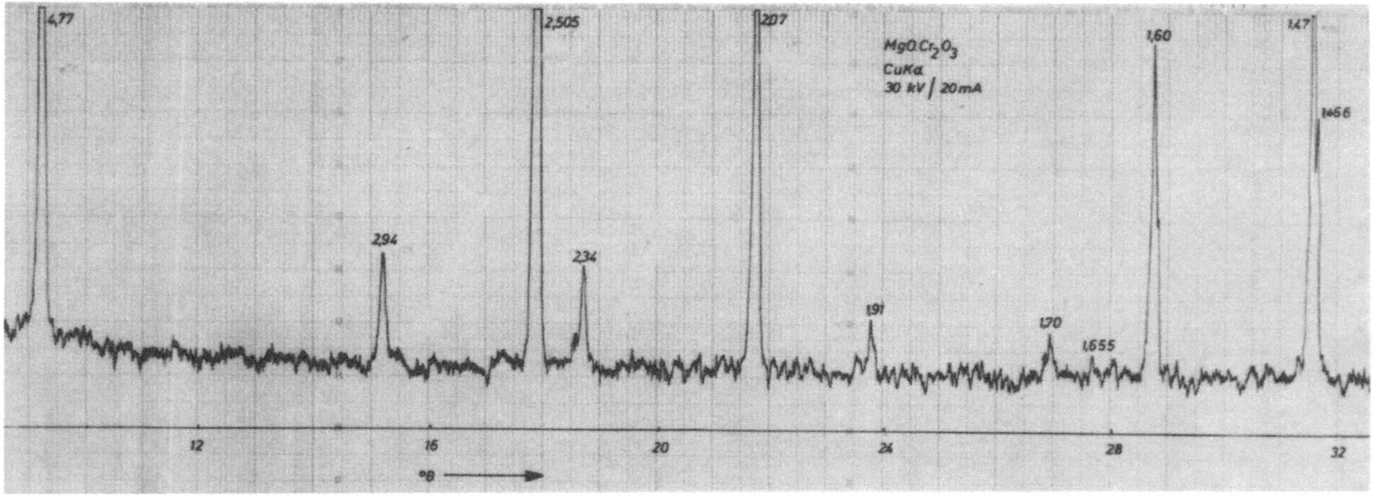

Abb. 15: Röntgenbeugungsaufnahme des Picrochromits

Abb. 16: Auflichtmikroskopische Aufnahme eines Gemisches $MgO \cdot Cr_2O_3$ - $2MgO \cdot SiO_2$ (50/50 Gew. %), abgeschreckt von 2000°C. Das Gleichgewicht ist noch nicht erreicht

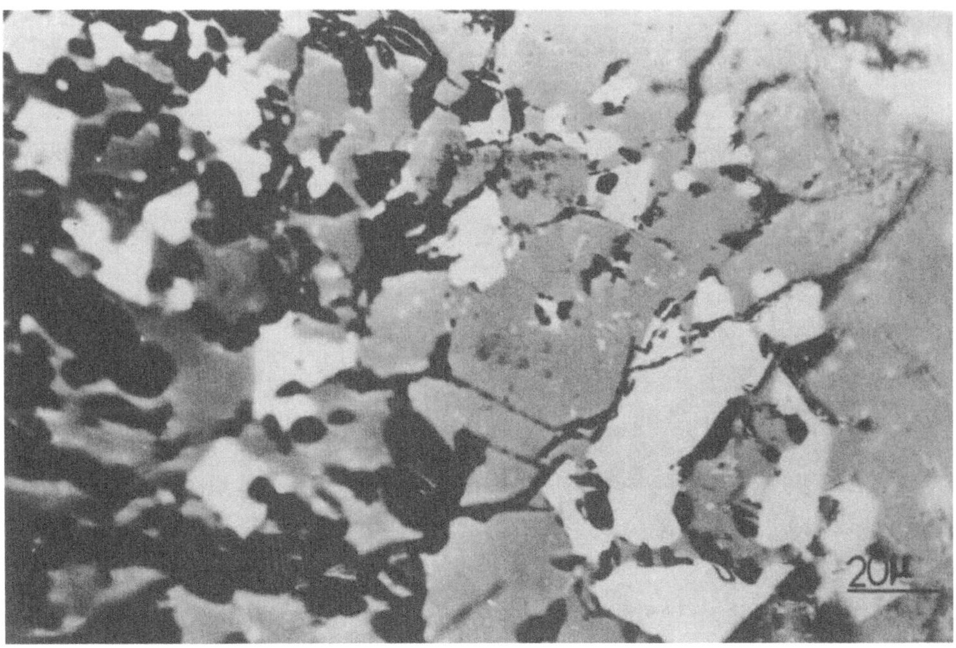

Abb. 17: Auflichtmikroskopische Aufnahme eines Gemisches $MgO \cdot Cr_2O_3$ - $2MgO \cdot SiO_2$ (30/70 Gew. %), abgeschreckt von 1910°C

Abb. 18: Auflichtmikroskopische Aufnahme eines Gemisches $MgO \cdot Cr_2O_3 - 2MgO \cdot SiO_2$ (10/90 Gew. %), abgeschreckt von 1780°C

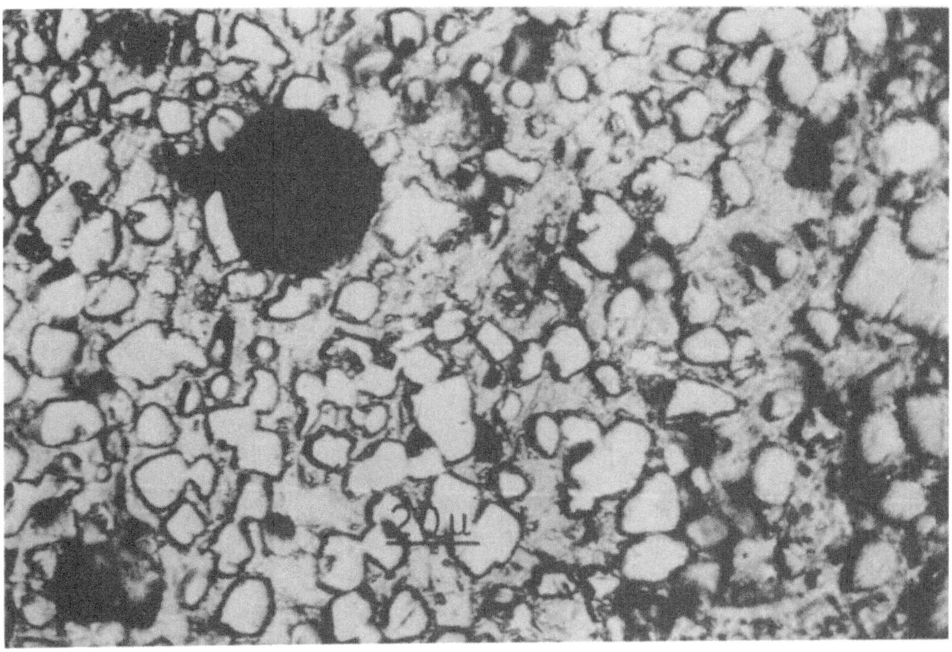

Abb. 19: Auflichtmikroskopische Aufnahme eines Gemisches $MgO \cdot Cr_2O_3 - 2MgO \cdot SiO_2$ (2,5/97,5 Gew. %), abgeschreckt von 1820°C

Abb. 20: Auflichtmikroskopische Aufnahme eines Gemisches $MgO \cdot Cr_2O_3$ - $2MgO \cdot SiO_2$ (5/95 Gew. %), abgeschreckt von 1760°C

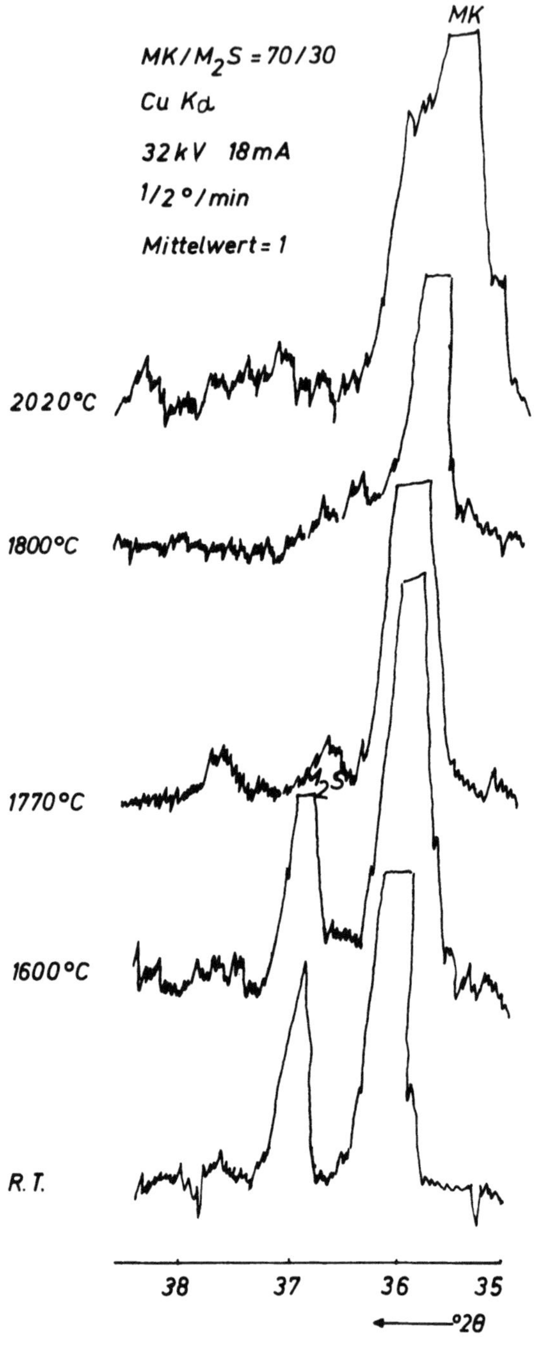

Abb. 21: Hochtemperatur-Röntgenbeugungsaufnahmen eines Gemisches $MgO \cdot Cr_2O_3 - 2MgO \cdot SiO_2$ (70/30 Gew. %)

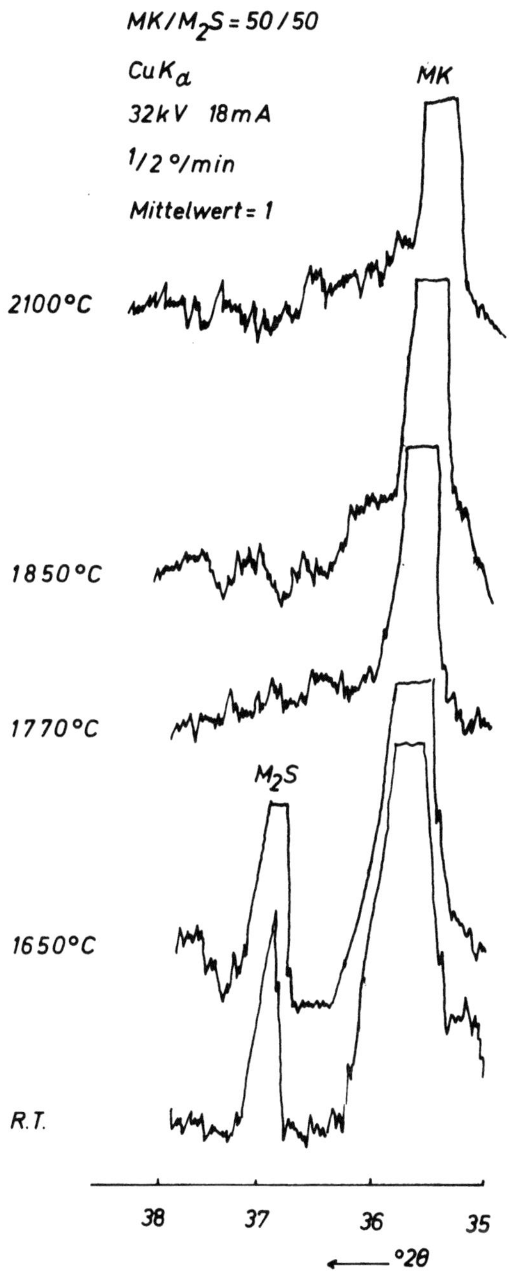

Abb. 22: Hochtemperatur-Röntgenbeugungsaufnahmen eines Gemisches $MgO \cdot Cr_2O_3$ - $2MgO \cdot SiO_2$ (50/50 Gew. %)

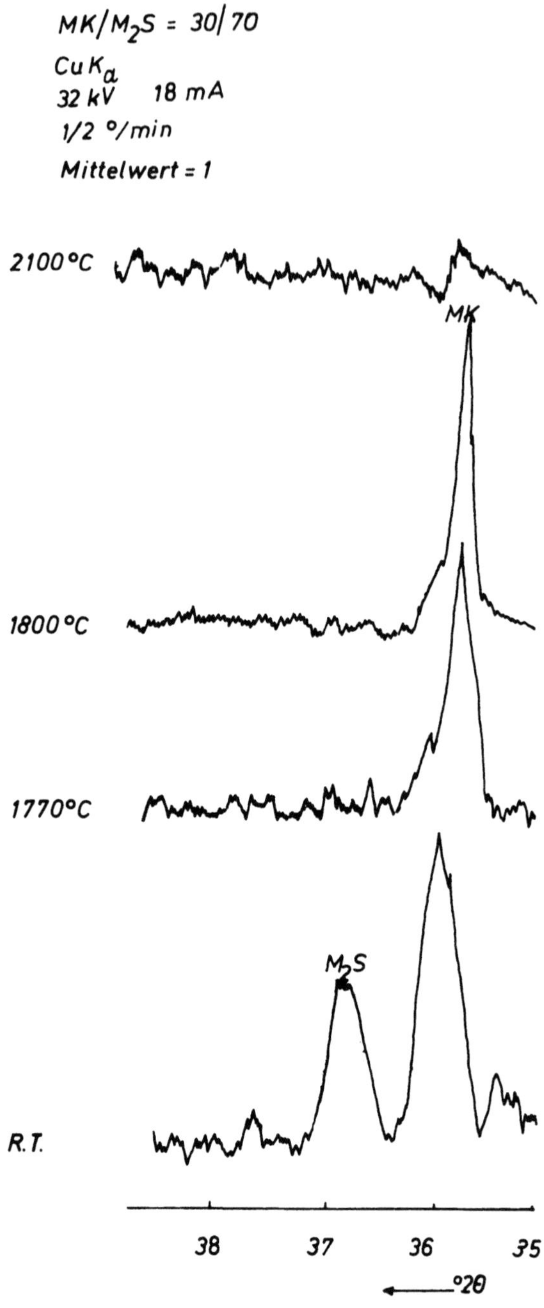

Abb. 23: Hochtemperatur-Röntgenbeugungsaufnahmen eines Gemisches $MgO \cdot Cr_2O_3$ - $2MgO \cdot SiO_2$ (30/70 Gew. %)

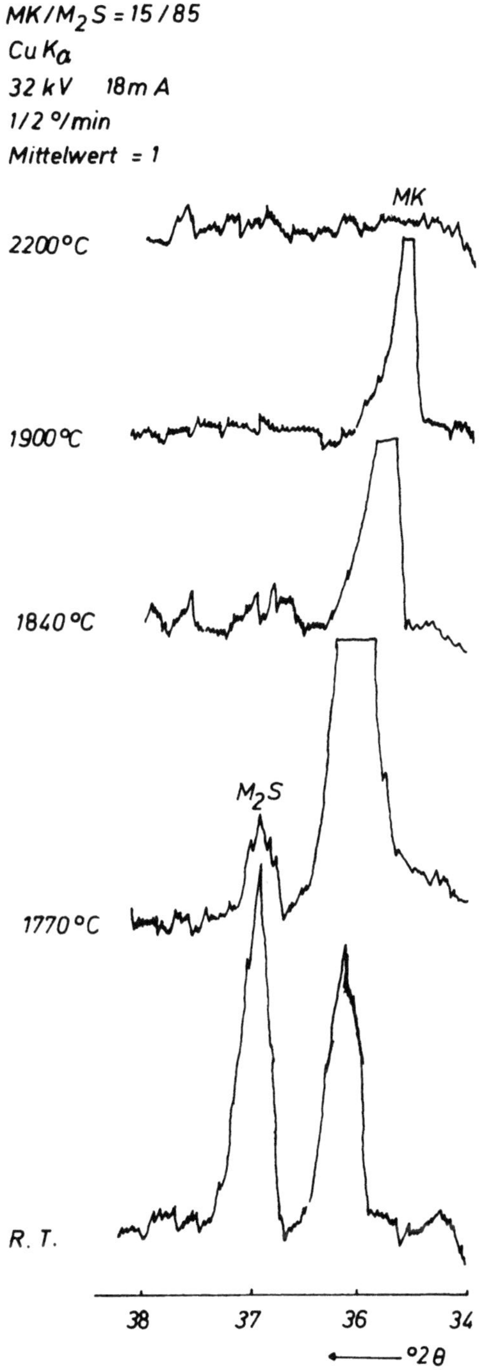

Abb. 24: Hochtemperatur-Röntgenbeugungsaufnahmen eines Gemisches $MgO \cdot Cr_2O_3 - 2MgO \cdot SiO_2$ (15/85 Gew. %)

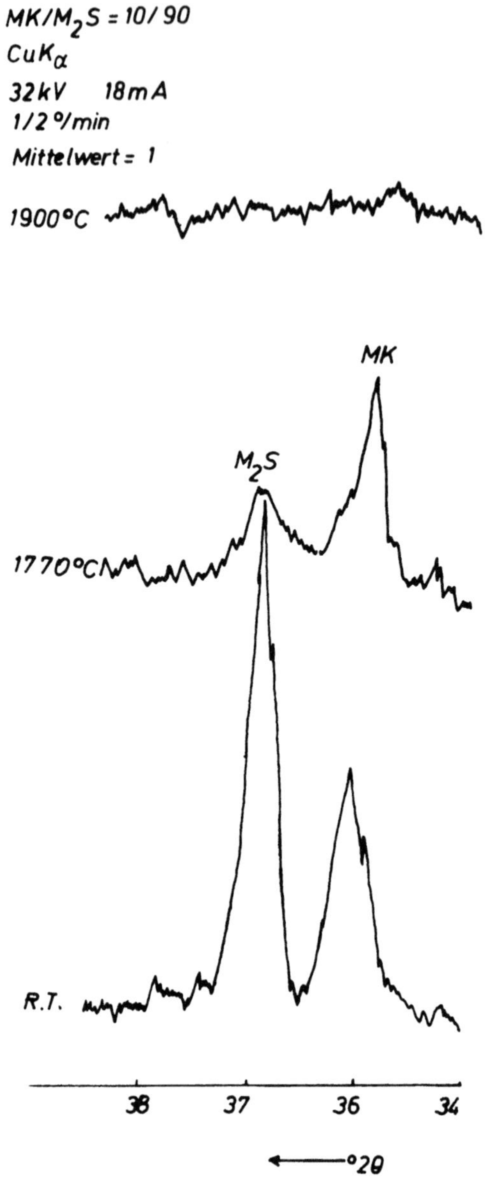

Abb. 25: Hochtemperatur-Röntgenbeugungsaufnahmen eines Gemisches $MgO \cdot Cr_2O_3$ - $2MgO \cdot SiO_2$ (10/90 Gew. %)

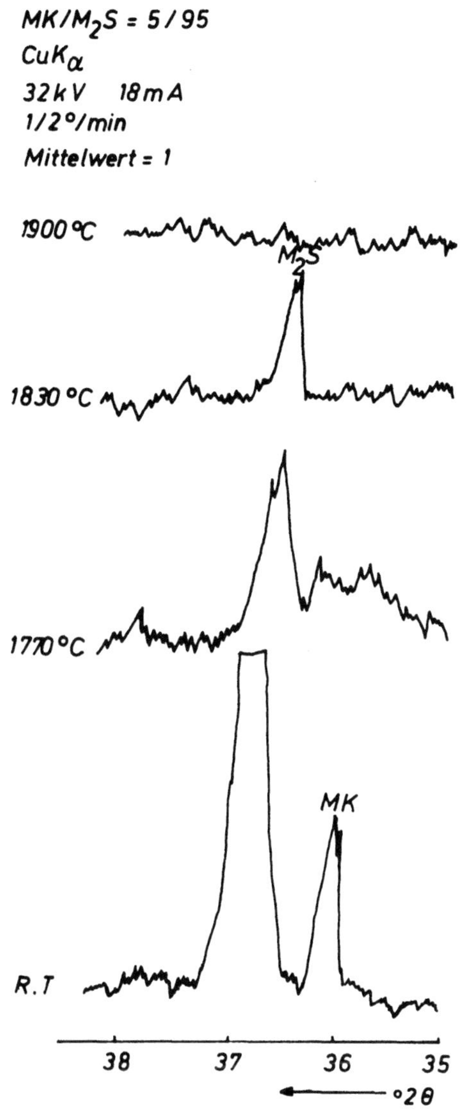

Abb. 26: Hochtemperatur-Röntgenbeugungsaufnahmen eines Gemisches $MgO \cdot Cr_2O_3$ - $2MgO \cdot SiO_2$ (5/95 Gew. %)

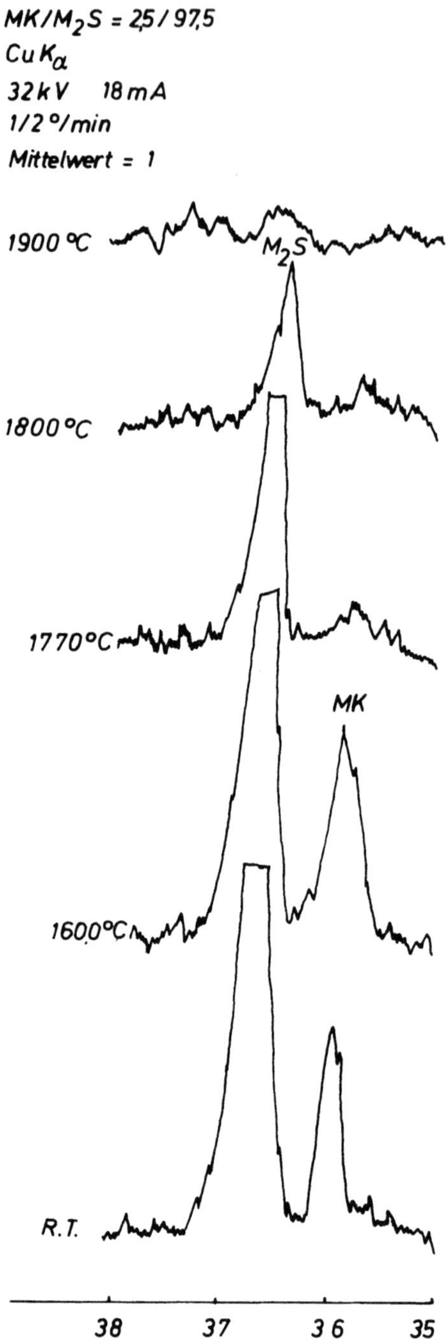

Abb. 27: Hochtemperatur-Röntgenbeugungsaufnahmen eines Gemisches $MgO \cdot Cr_2O_3 - 2MgO \cdot SiO_2$ (2,5/97,5 Gew. %)

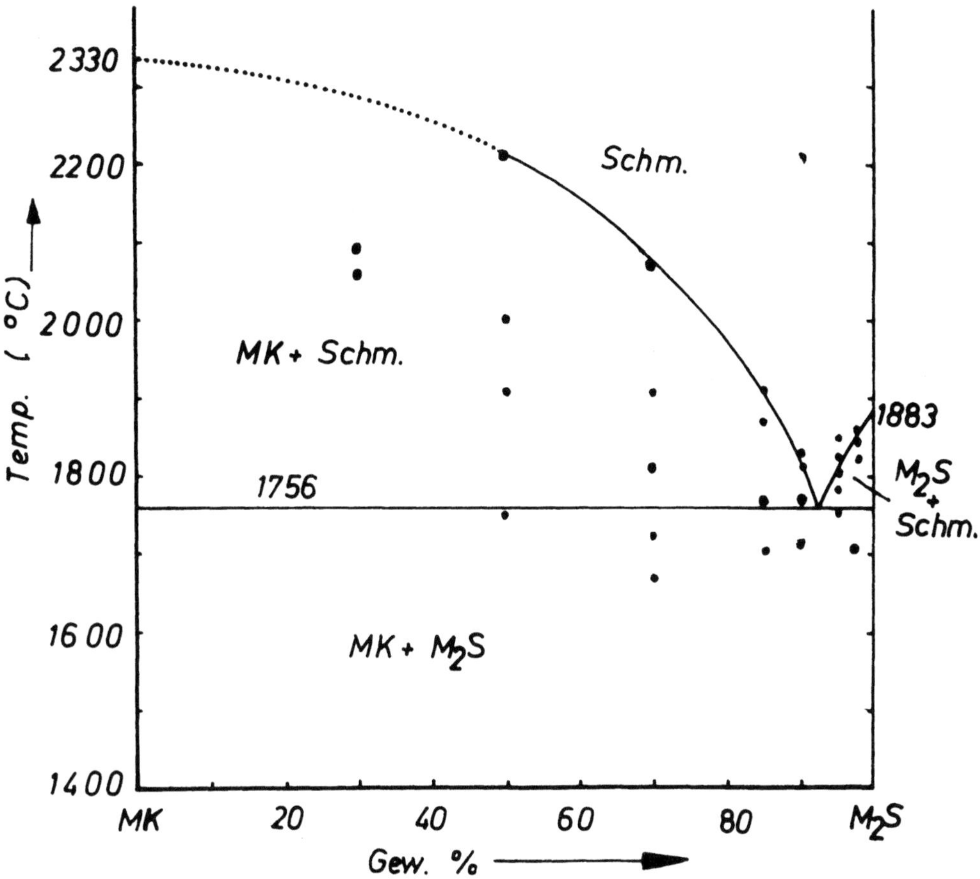

Abb. 28: Das Phasendiagramm $MgO \cdot Cr_2O_3$ - $2MgO \cdot SiO_2$
Die eingezeichneten Punkte wurden experimentell untersucht

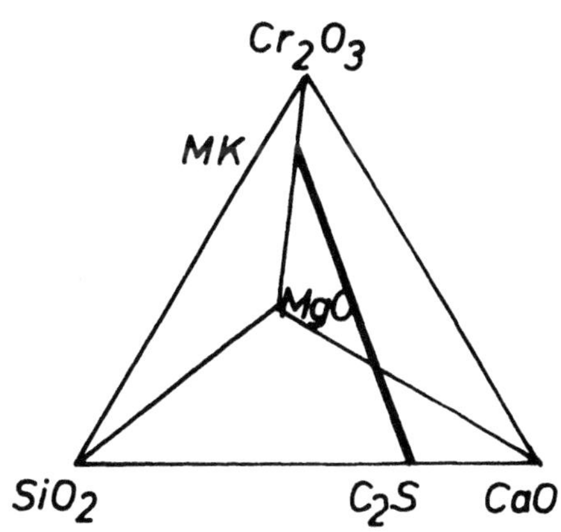

Abb. 29: Das System CaO - Cr_2O_3 - MgO - SiO_2

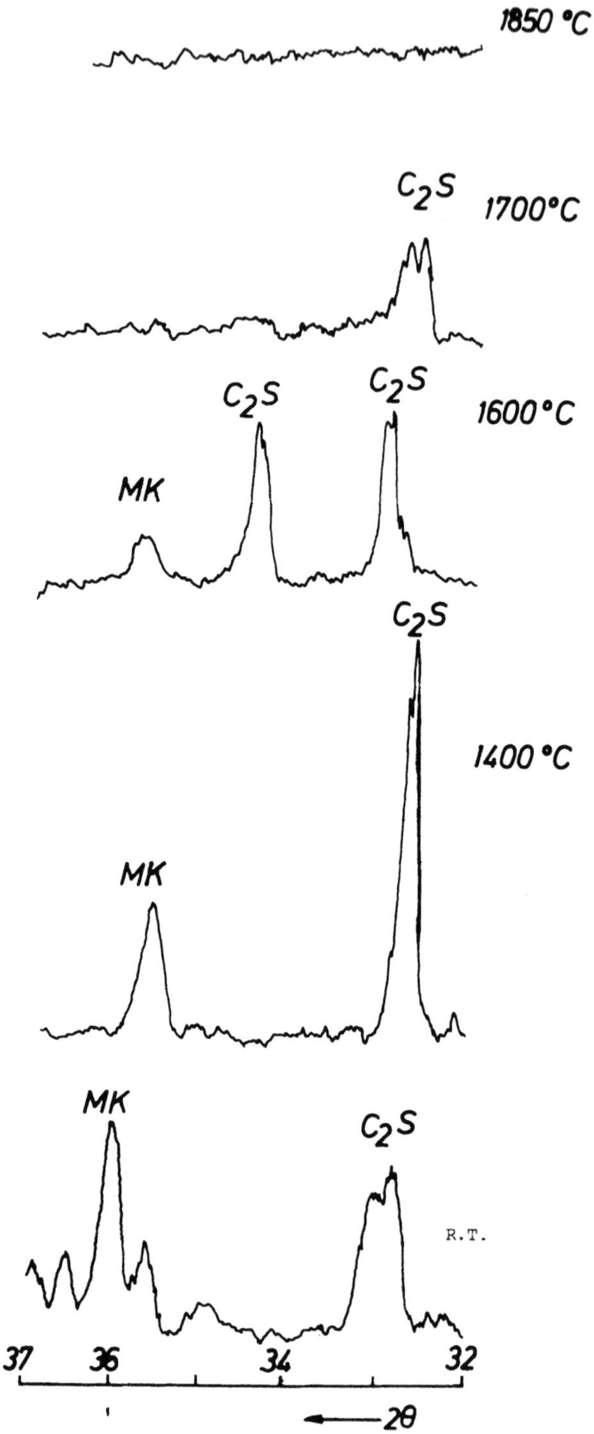

Abb. 30: Hochtemperatur-Röntgenbeugungsaufnahmen eines Gemisches $MgO \cdot Cr_2O_3$ - $2CaO \cdot SiO_2$ (25/75 Gew. %)

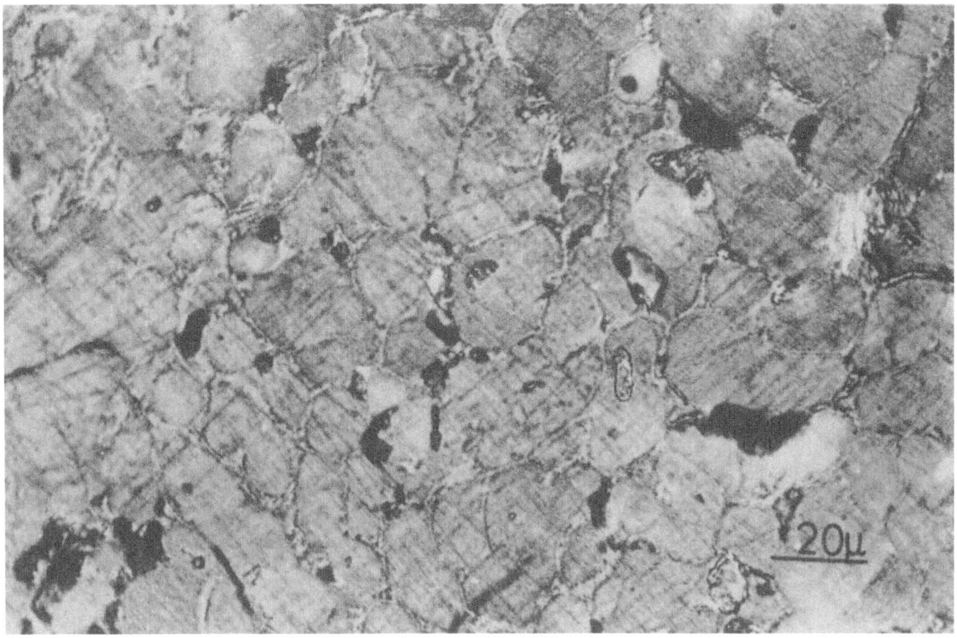

Abb. 31: Auflichtmikroskopische Aufnahme eines Gemisches aus $MgO \cdot Cr_2O_3$ und $2CaO \cdot SiO_2$ (15/85 Gew. %), abgeschreckt von 1700°C

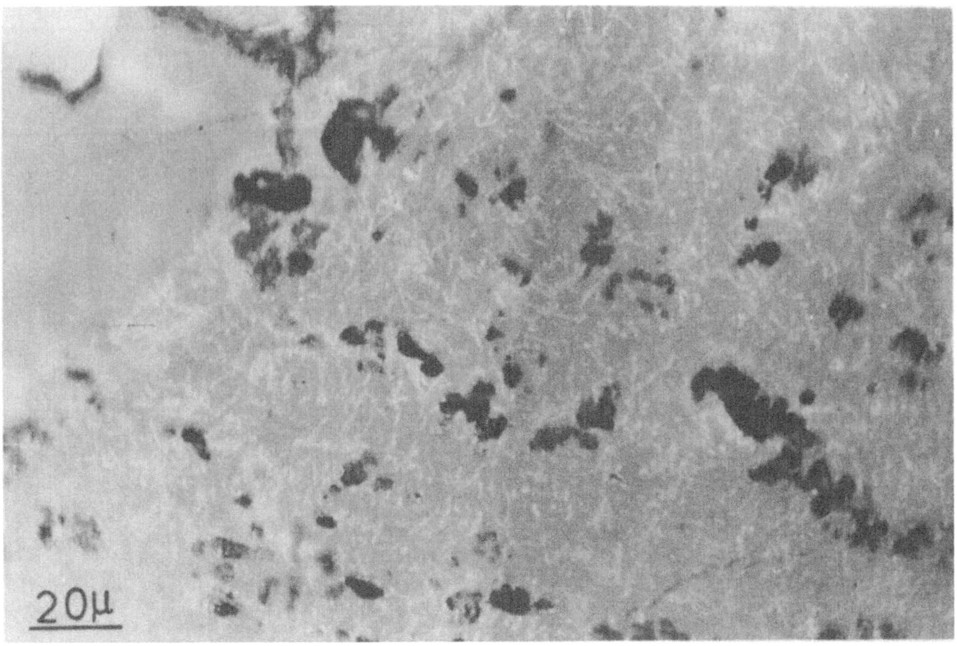

Abb. 32: Auflichtmikroskopische Aufnahme eines Gemisches aus $MgO \cdot Cr_2O_3$ und $2CaO \cdot SiO_2$ (20/80 Gew. %), langsam von 1700°C auf Raumtemperatur abgekühlt

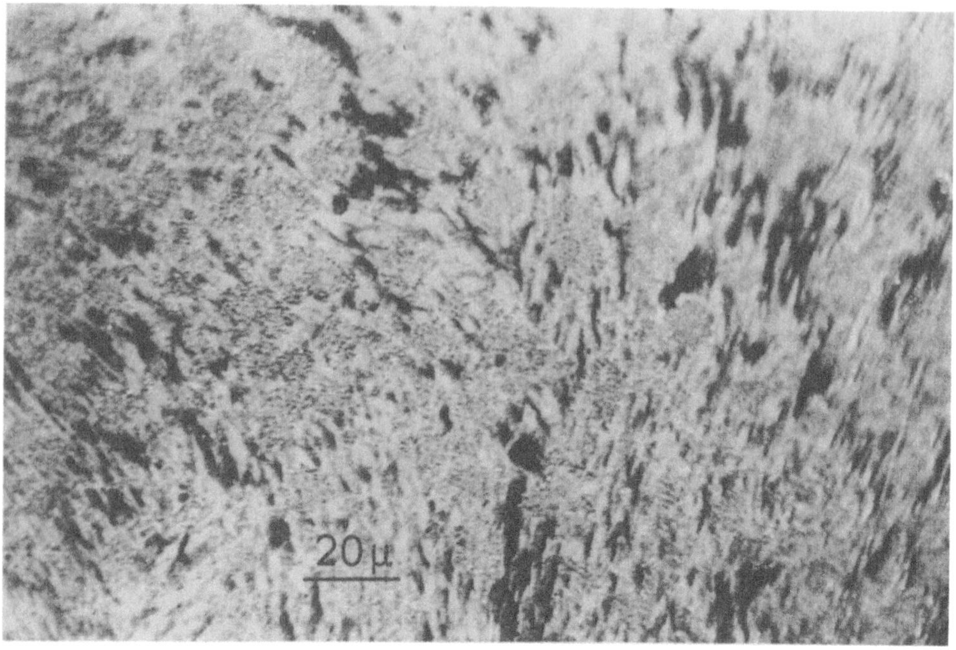

Abb. 33: Auflichtmikroskopische Aufnahme eines Gemisches $MgO \cdot Cr_2O_3$ und $2CaO \cdot SiO_2$ (20/80 Gew. %), abgeschreckt von 1680°C

Abb. 34: Auflichtmikroskopische Aufnahme eines Gemisches aus $MgO \cdot Cr_2O_3$ und $2CaO \cdot SiO_2$ (25/75 Gew. %), abgeschreckt von 1740°C

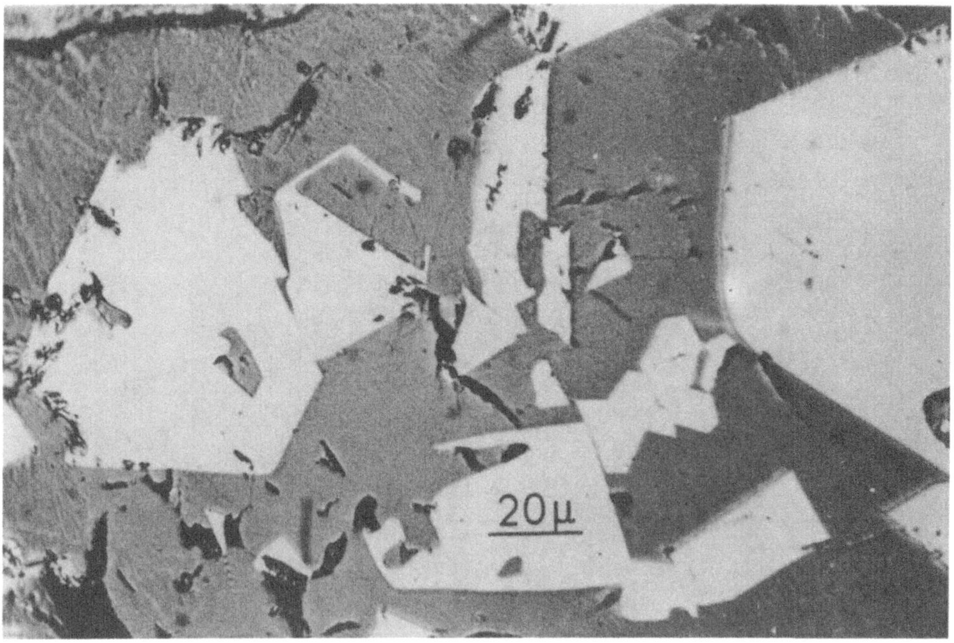

Abb. 35: Auflichtmikroskopische Aufnahme eines Gemisches aus $MgO \cdot Cr_2O_3$ und $2CaO \cdot SiO_2$ (30/70 Gew. %), abgeschreckt von 1750°C

Abb. 36: Auflichtmikroskopische Aufnahme eines Gemisches aus $MgO \cdot Cr_2O_3$ und $2CaO \cdot SiO_2$ (35/65 Gew. %), abgeschreckt von 1700°C

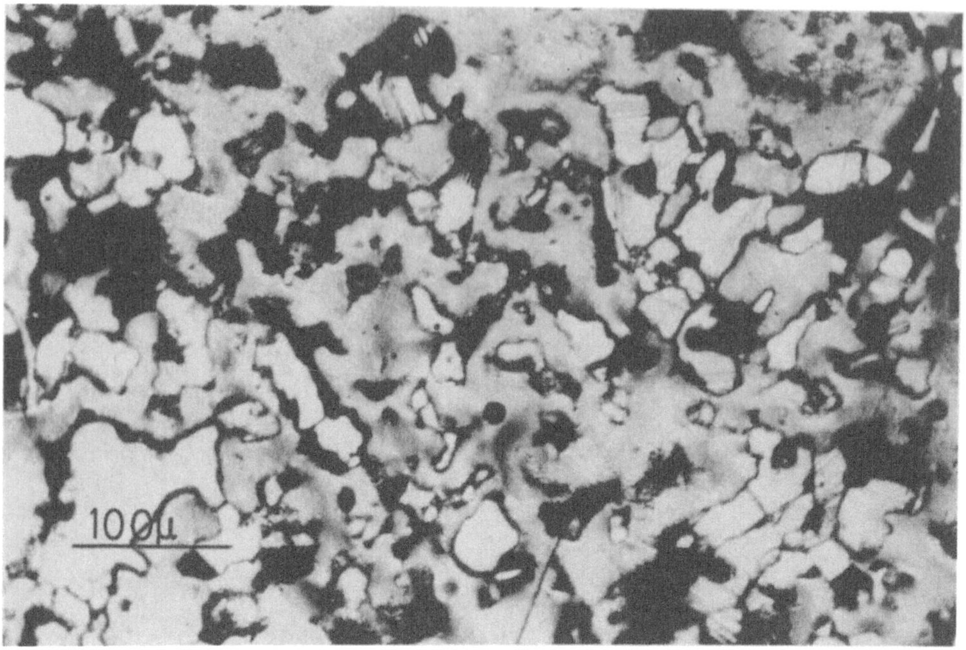

Abb. 37: Auflichtmikroskopische Aufnahme eines Gemisches aus $MgO \cdot Cr_2O_3$ und $2CaO \cdot SiO_2$ (10/90 Gew. %), abgeschreckt von 1900°C

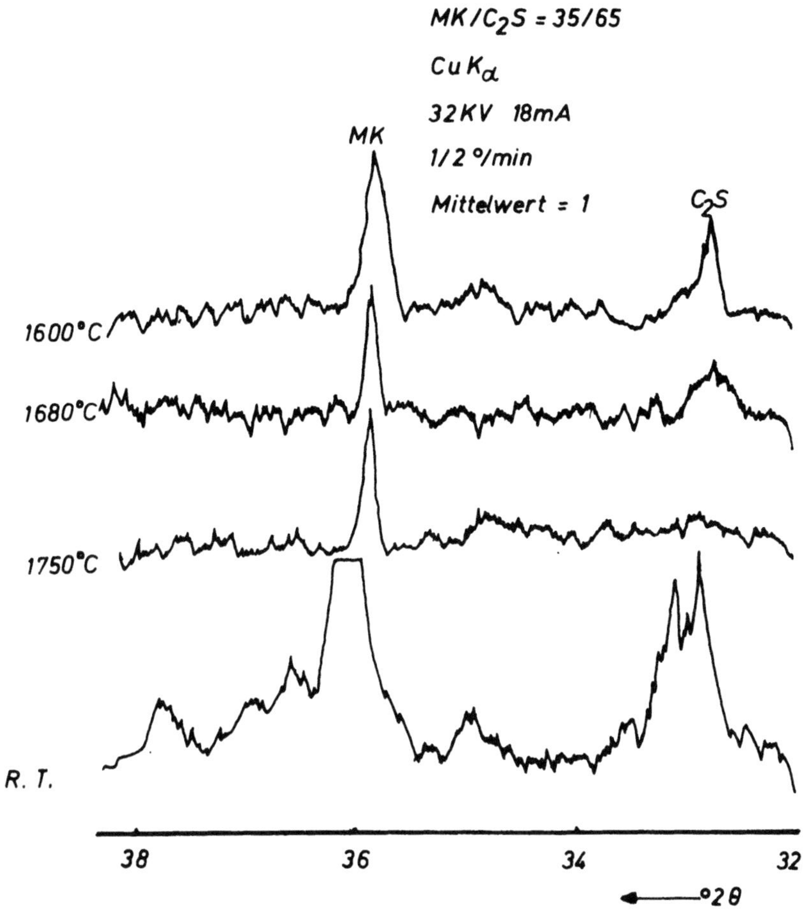

Abb. 38: Hochtemperatur-Röntgenbeugungsaufnahmen eines Gemisches $MgO \cdot Cr_2O_3$ - $2CaO \cdot SiO_2$ (35/65 Gew. %)

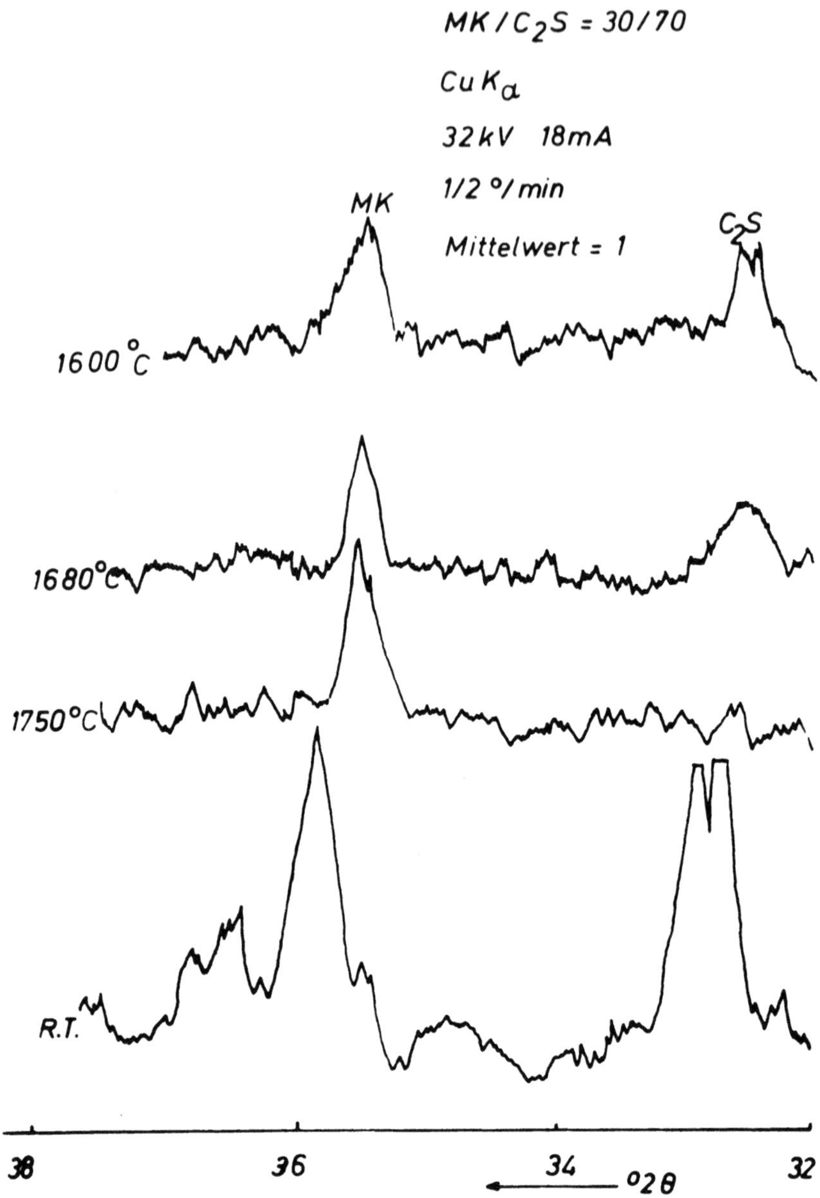

Abb. 39: Hochtemperatur-Röntgenbeugungsaufnahmen eines Gemisches $MgO \cdot Cr_2O_3 - 2CaO \cdot SiO_2$ (30/70 Gew. %)

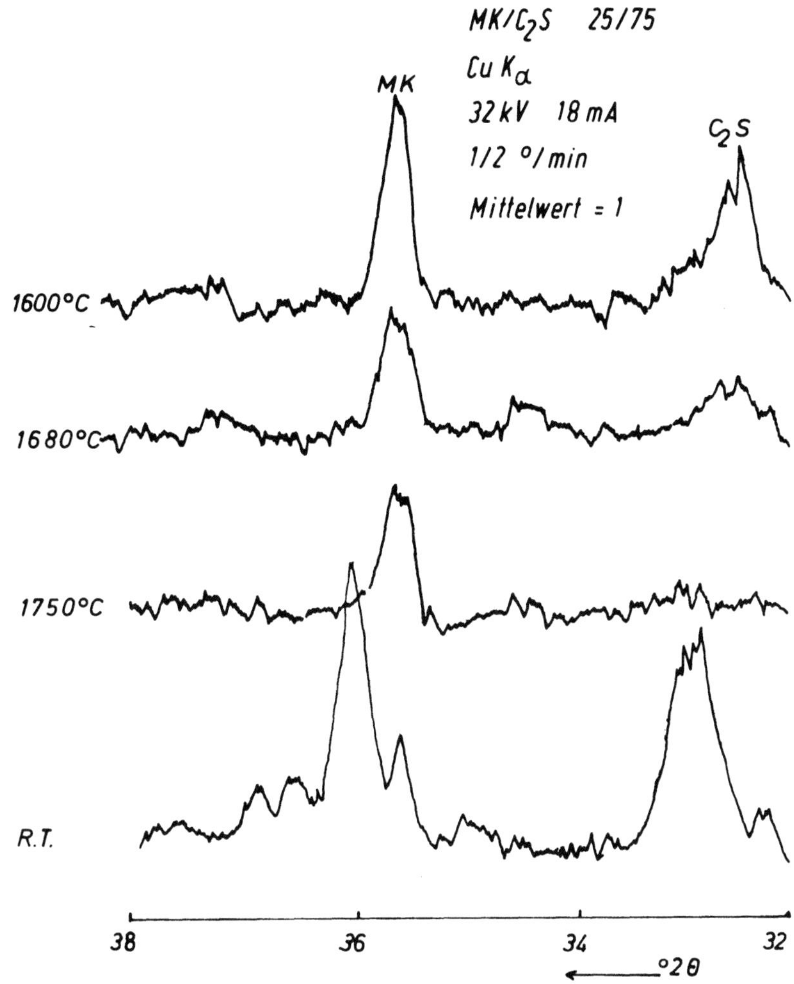

Abb. 40: Hochtemperatur-Röntgenbeugungsaufnahmen eines Gemisches $MgO \cdot Cr_2O_3$ - $2CaO \cdot SiO_2$ (25/75 Gew. %)

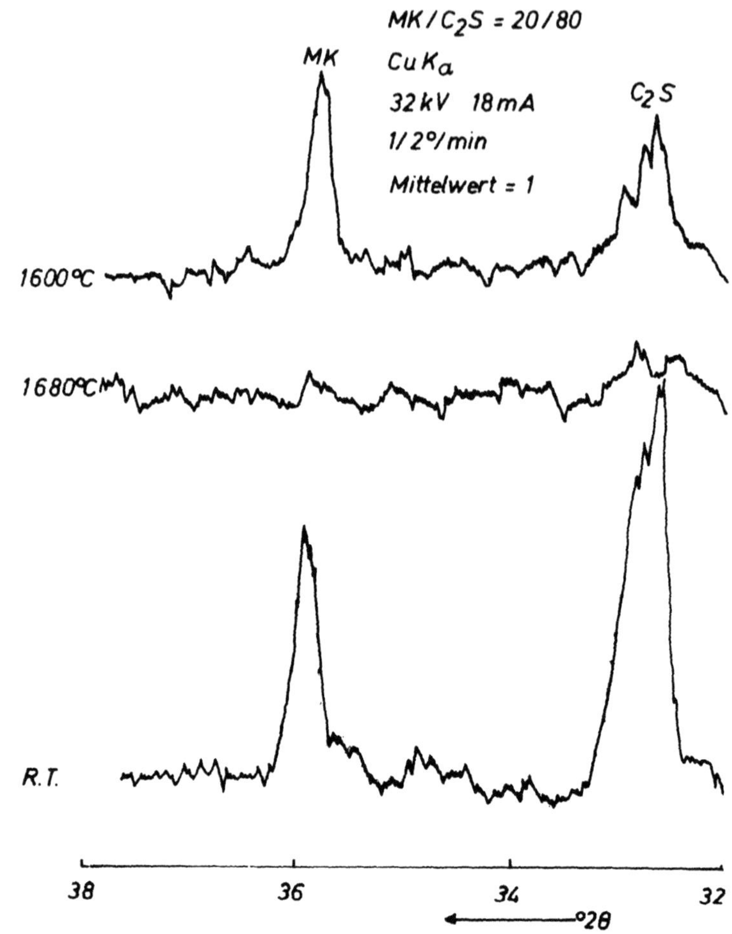

Abb. 41: Hochtemperatur-Röntgenbeugungsaufnahmen eines Gemisches $MgO \cdot Cr_2O_3$ - $2CaO \cdot SiO_2$ (20/80 Gew. %)

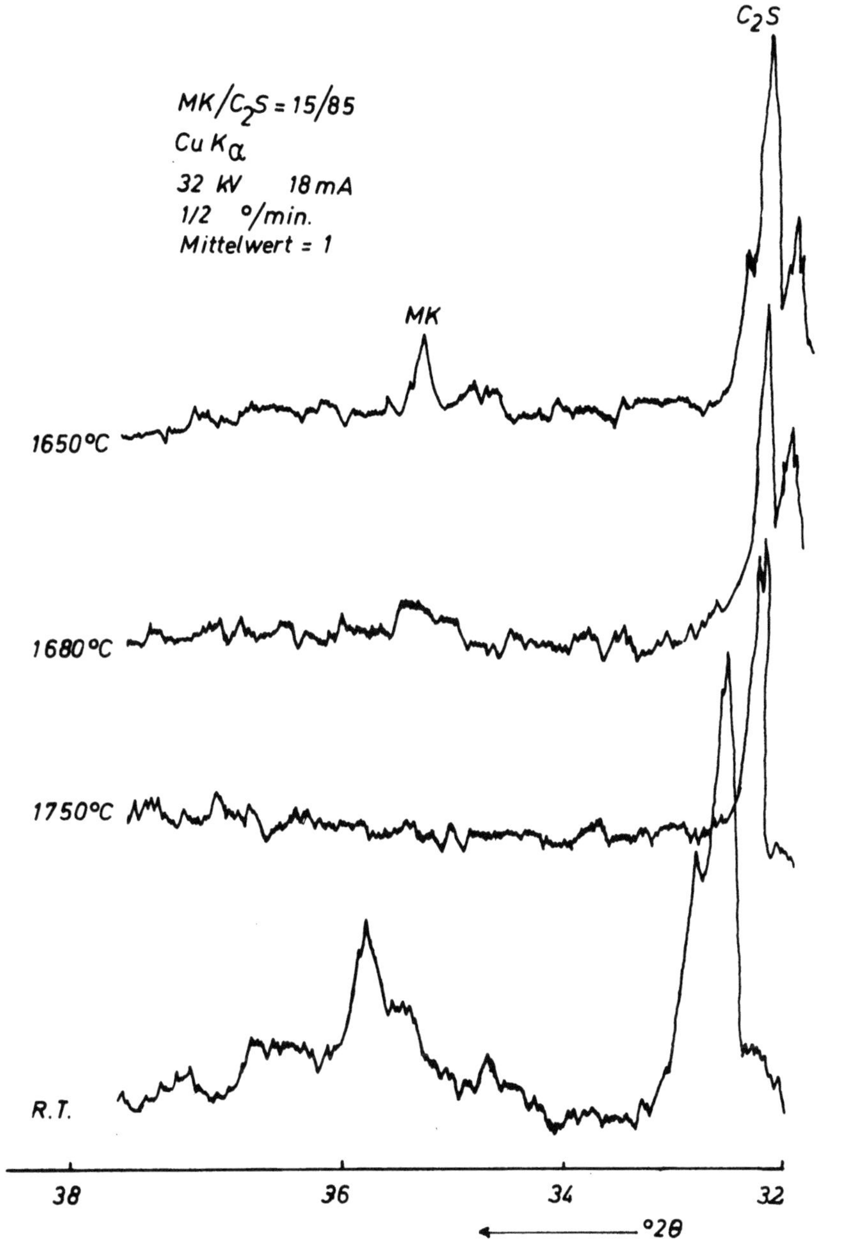

<u>Abb. 42:</u> Hochtemperatur-Röntgenbeugungsaufnahmen eines Gemisches $MgO \cdot Cr_2O_3 - 2CaO \cdot SiO_2$ (15/85 Gew. %)

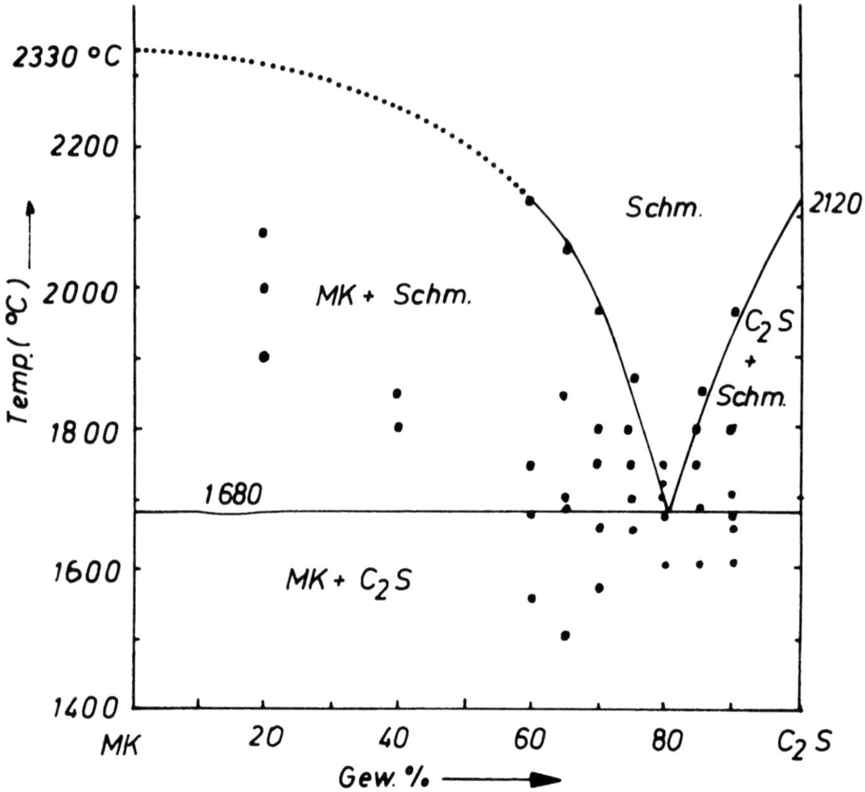

Abb. 43: Das Phasen-Diagramm $MgO \cdot Cr_2O_3 - 2CaO \cdot SiO_2$
Die eingezeichneten Punkte wurden experimentell untersucht

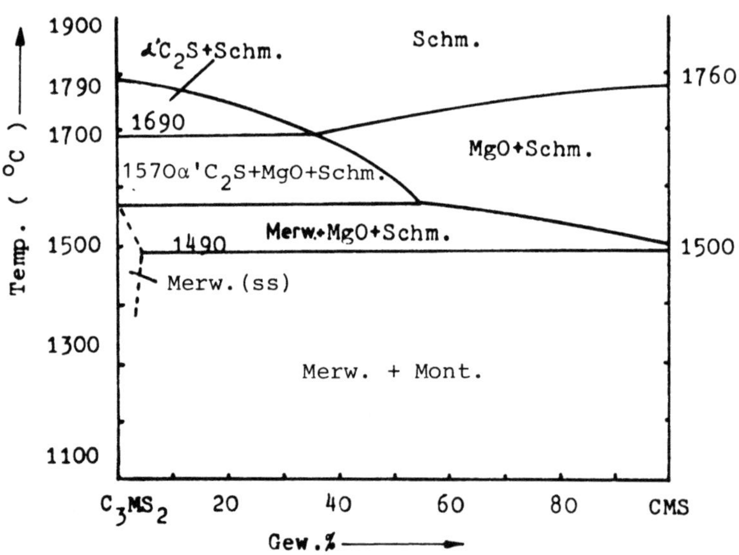

Abb. 44: Das Phasen-Diagramm $3\ CaO \cdot MgO \cdot 2SiO_2 - CaO \cdot MgO \cdot SiO_2$

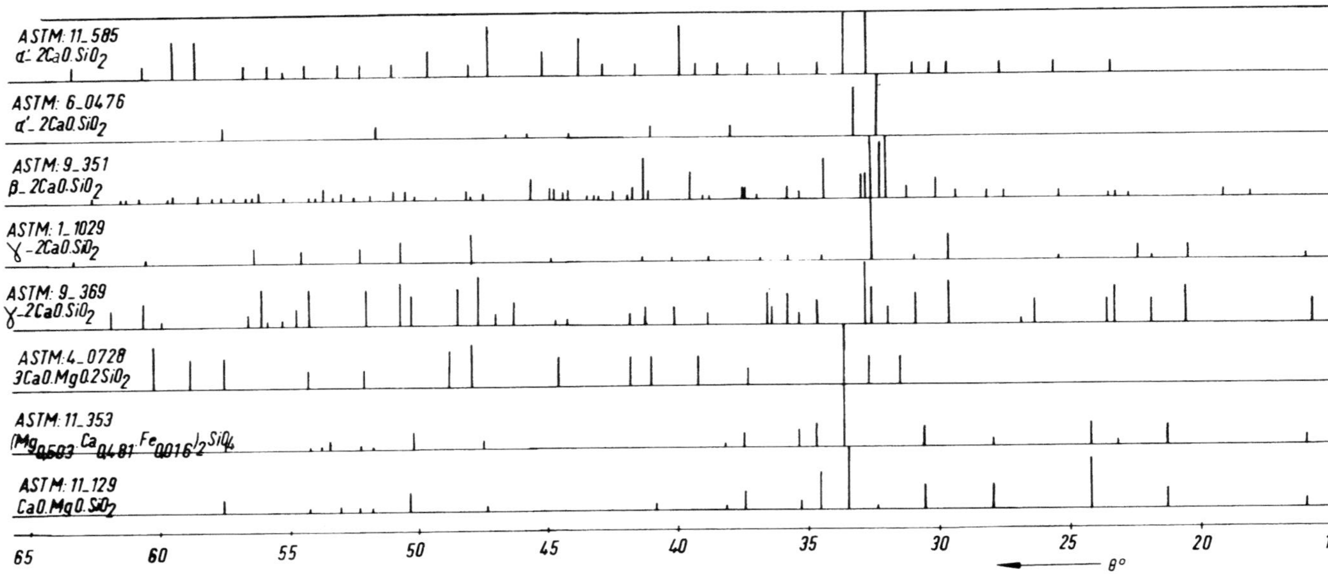

Abb. 45: Schematische Röntgendiagramme von Monticellit, Merwinit und verschiedenen Dikalziumsilikat-Modifikationen

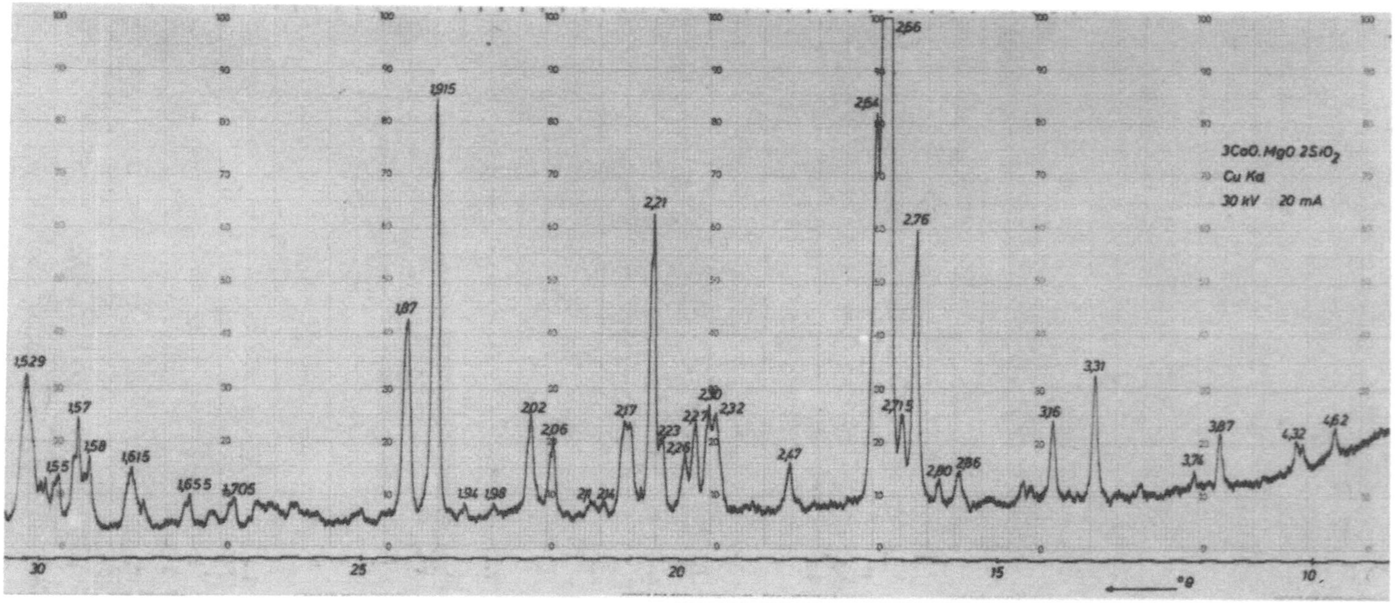

Abb. 46: Röntgenbeugungsaufnahme des synthetisch hergestellten Merwinits

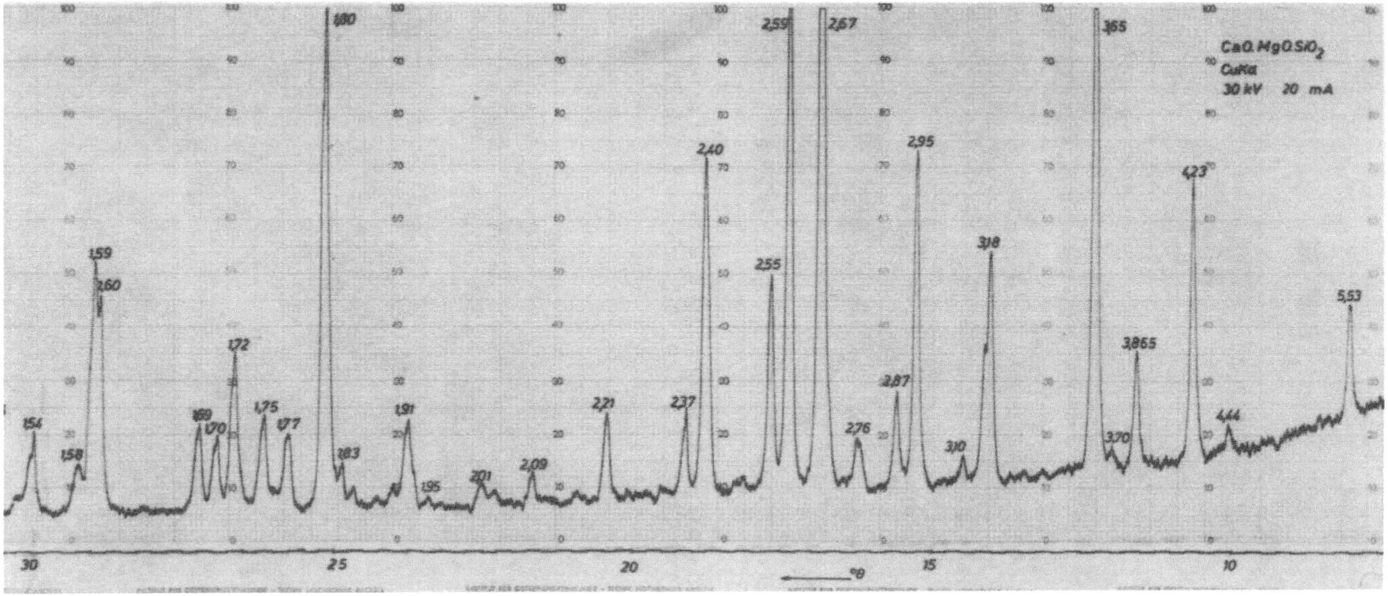

Abb. 47: Röntgenbeugungsaufnahme des synthetisch hergestellten Monticellits

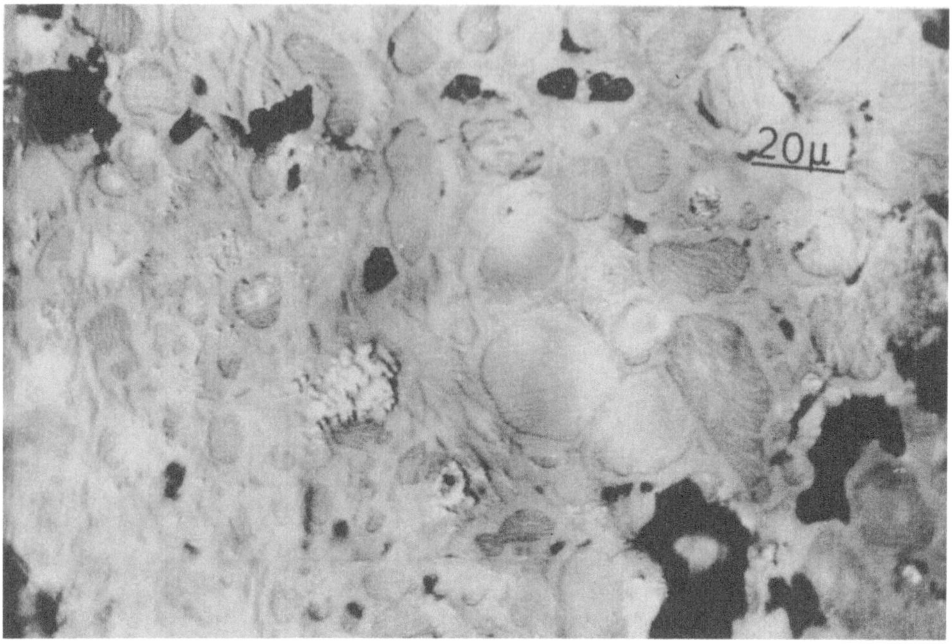

Abb. 48: Auflichtmikroskopische Aufnahme eines Gemisches $MK/C_3MS_2/CMS$ (10/75/15 Gew. %), abgeschreckt von 1600°C

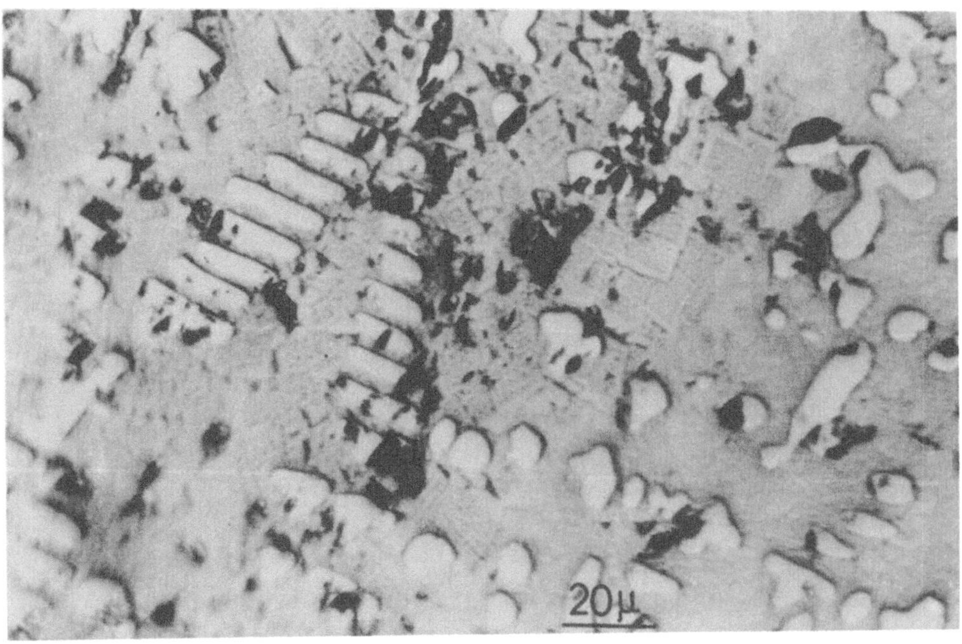

Abb. 49: Auflichtmikroskopische Aufnahme eines Gemisches $MK/C_3MS_2/CMS$ (10/15/75 Gew. %), abgeschreckt von 1750°C

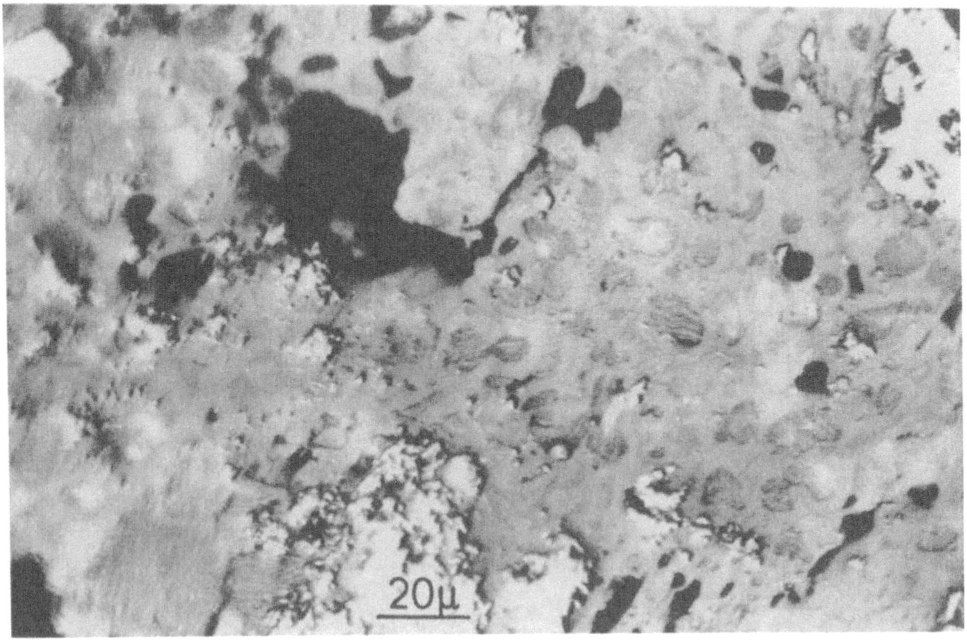

Abb. 50: Auflichtmikroskopische Aufnahme eines Gemisches MK/C_3MS_2/CMS (25/65/10 Gew. %), abgeschreckt von 1630°C

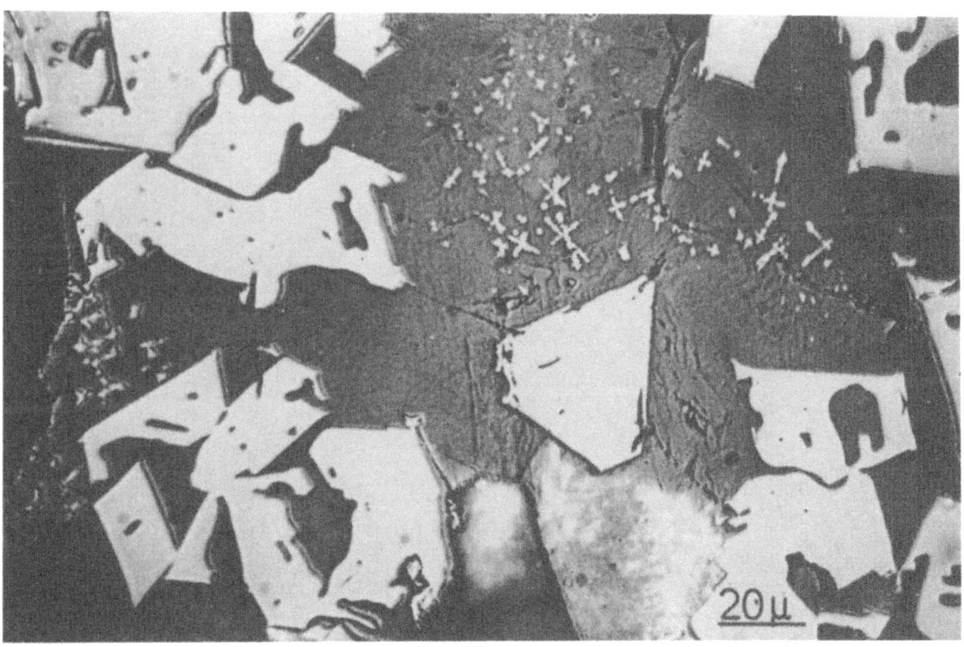

Abb. 51: Auflichtmikroskopische Aufnahme eines Gemisches MK/C_3MS_2/CMS (40/50/10 Gew. %), abgeschreckt von 1700°C

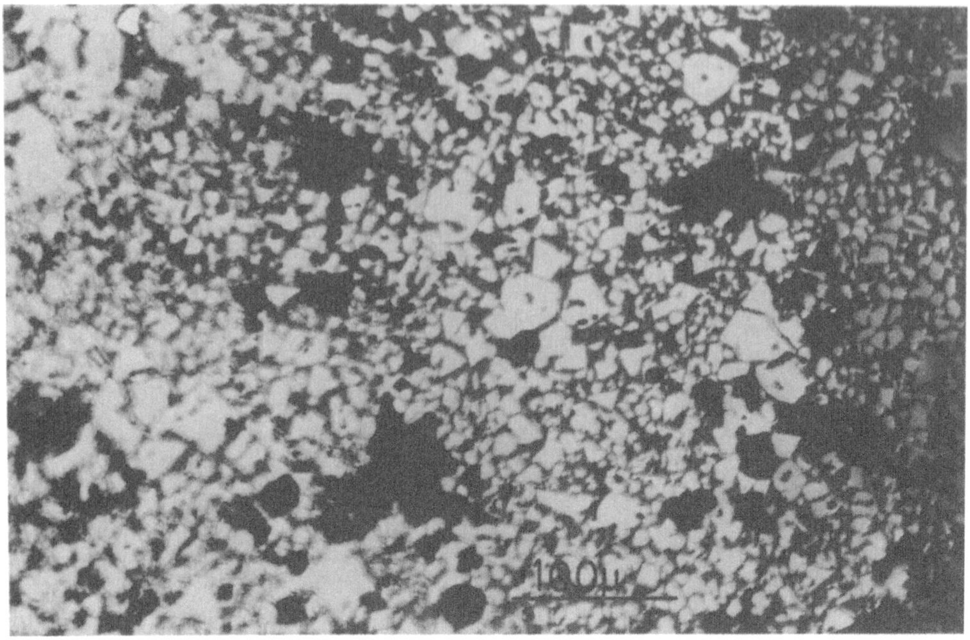

Abb. 52: Auflichtmikroskopische Aufnahme eines Gemisches $MK/C_3MS_2/CMS$ (70/10/20 Gew. %), abgeschreckt von 1720°C

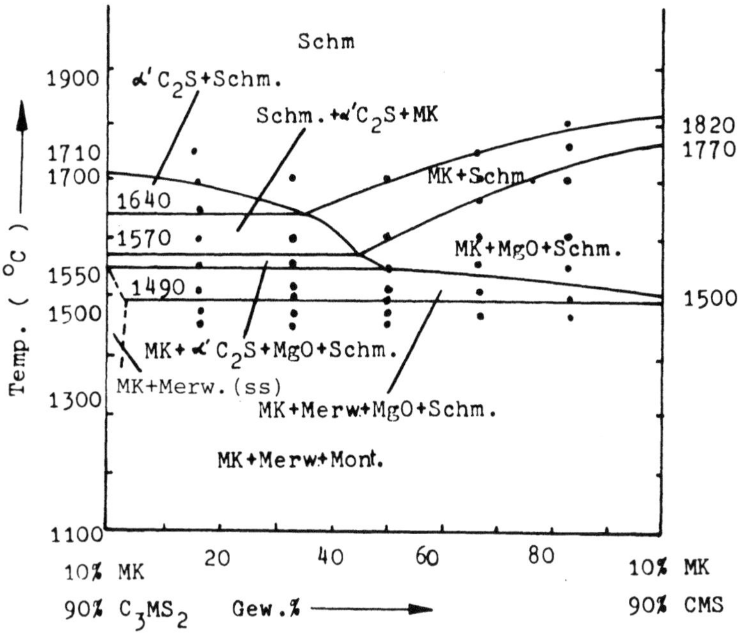

Abb. 53: Das Phasendiagramm C_3MS_2-CMS mit 10 % MK

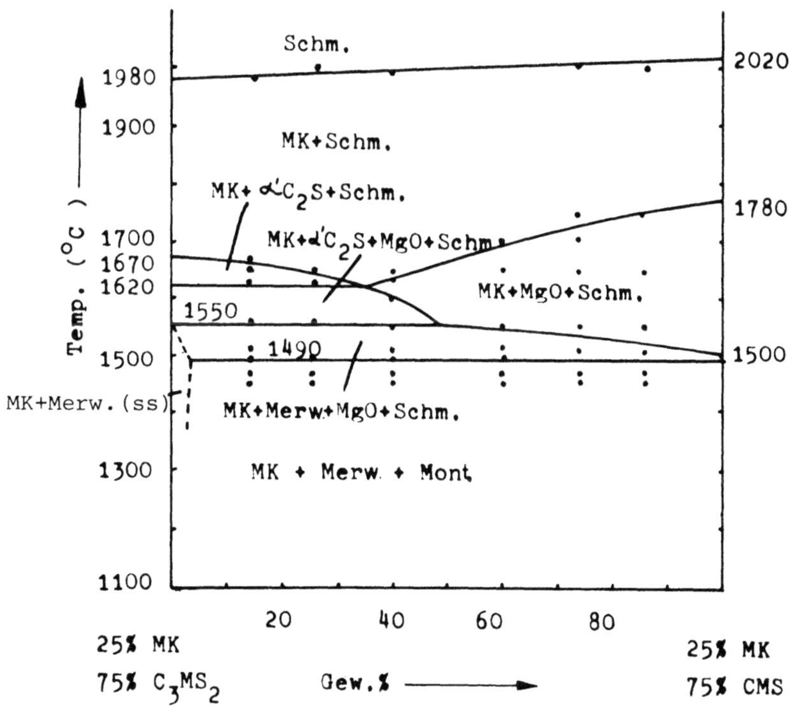

Abb. 54: Das Phasendiagramm C_3MS_2-CMS mit 25 % MK

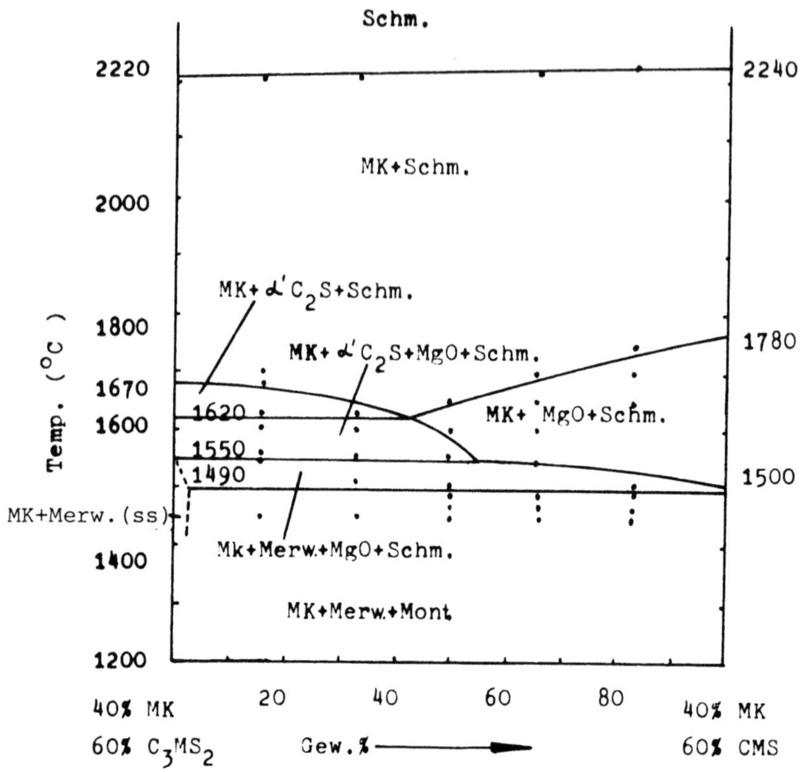

Abb. 55: Das Phasendiagramm C_3MS_2-CMS mit 40 % MK

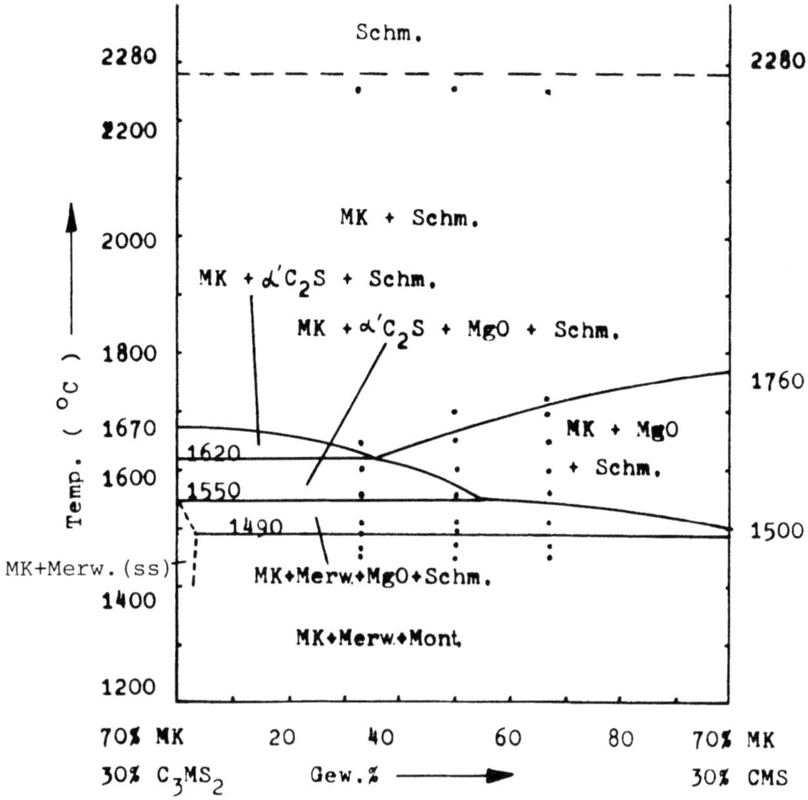

Abb. 56: Das Phasendiagramm C_3MS_2-CMS mit 70 % MK

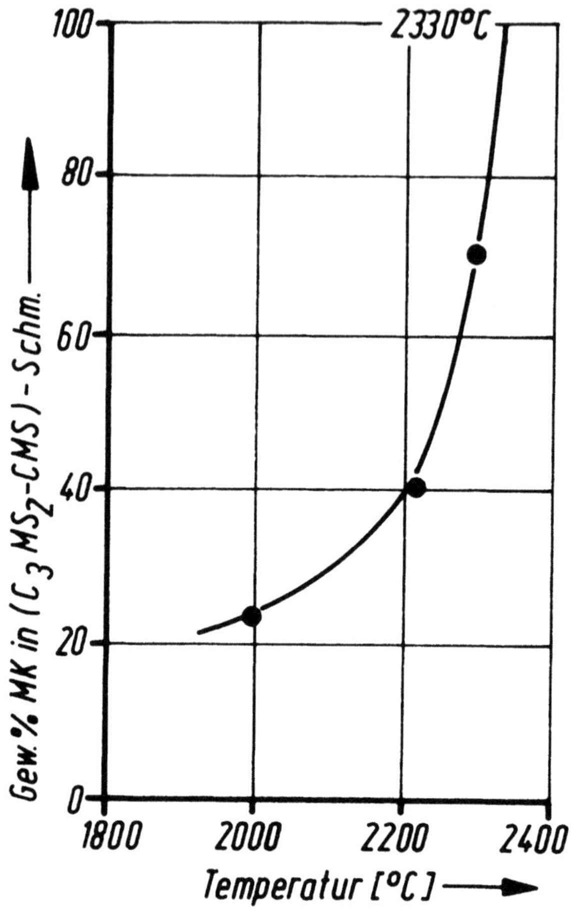

Ab. . 57: Löslichkeitskurve von Picrochromit in Kalzium-Magnesiumsilikat-Schmelzen

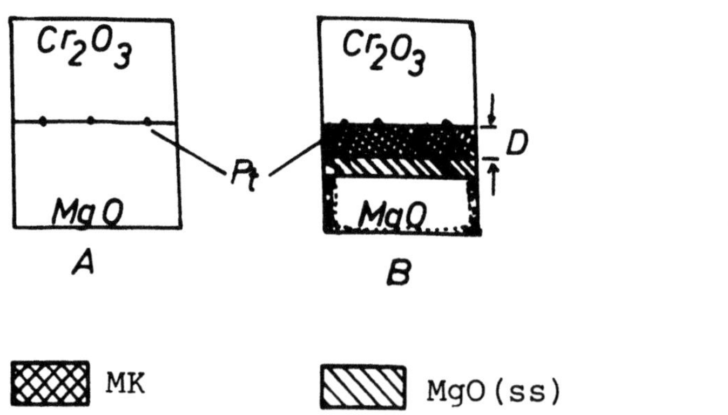

Abb. 58: Anordnung der Tabletten vor (A) und nach (B) dem Brand. Die Reaktionsschicht befindet sich fast vollständig auf der MgO-Seite

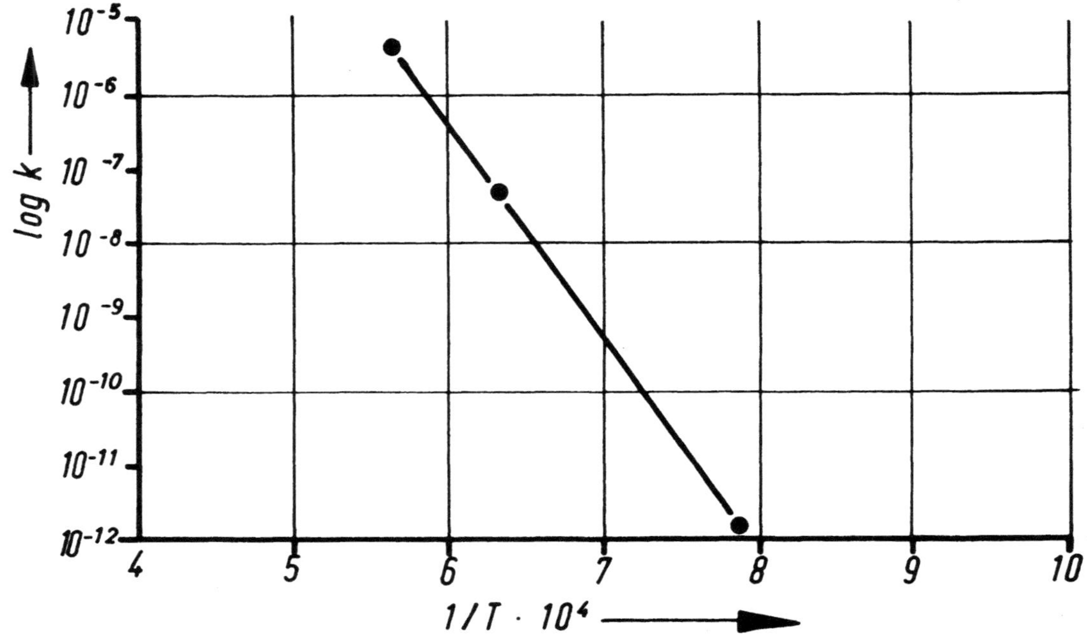

Abb. 59: Graphische Darstellung log k gegen 1/T (Festkörperreaktion MgO - Cr_2O_3)

Abb. 60: REM-Aufnahme einer mit 20 kp/cm^2 verpreßten MgO-Tablette nach dem 8-stdg. Brand in oxidierender Atmosphäre bei 1200°C

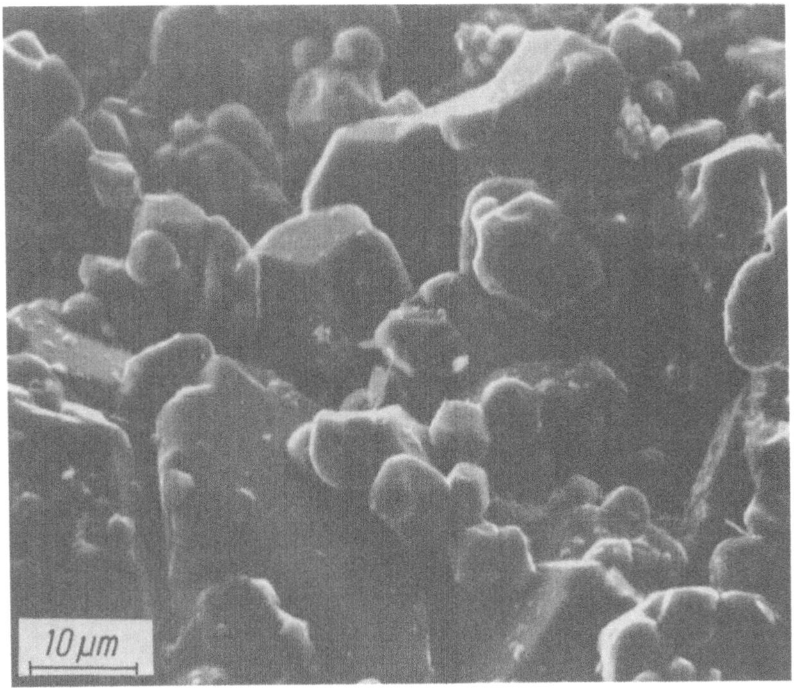

Abb. 61: REM-Aufnahme einer mit 20 kp/cm^2 verpreßten Chrom (III)-Oxid-Tablette nach dem 8-stdg. Brand in oxidierender Atmosphäre bei 1200°C

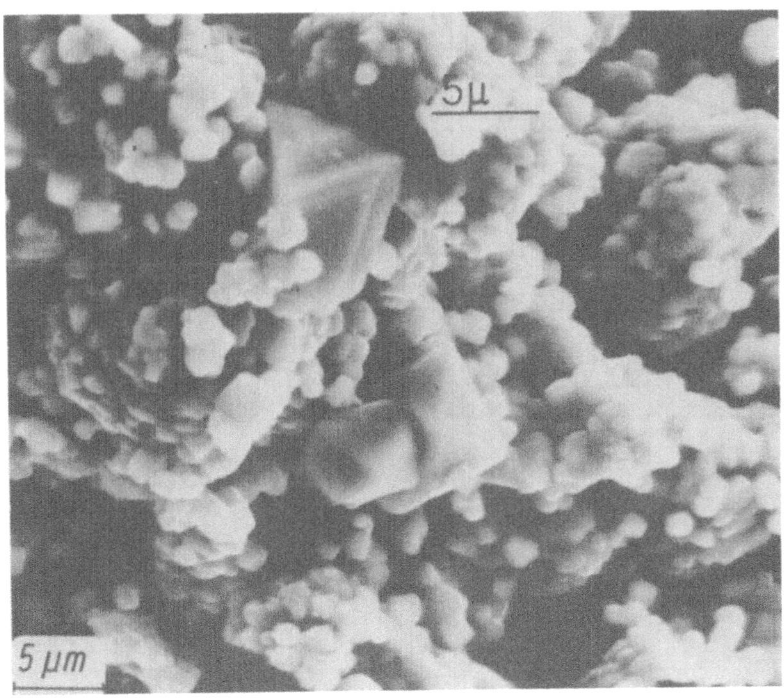

Abb. 62: REM-Aufnahme einer mit 20 kp/cm^2 verpreßten Picrochromit-Tablette nach dem 8-stdg. Brand in oxidierender Atmosphäre bei 1200°C

Abb. 63: REM-Aufnahme einer mit 20 kp/cm^2 verpreßten MgO/Cr_2O_3-Tablette nach 8-stdg. Brand in oxidierender Atmosphäre bei 1200°C; MgO-Seite der Reaktionszone

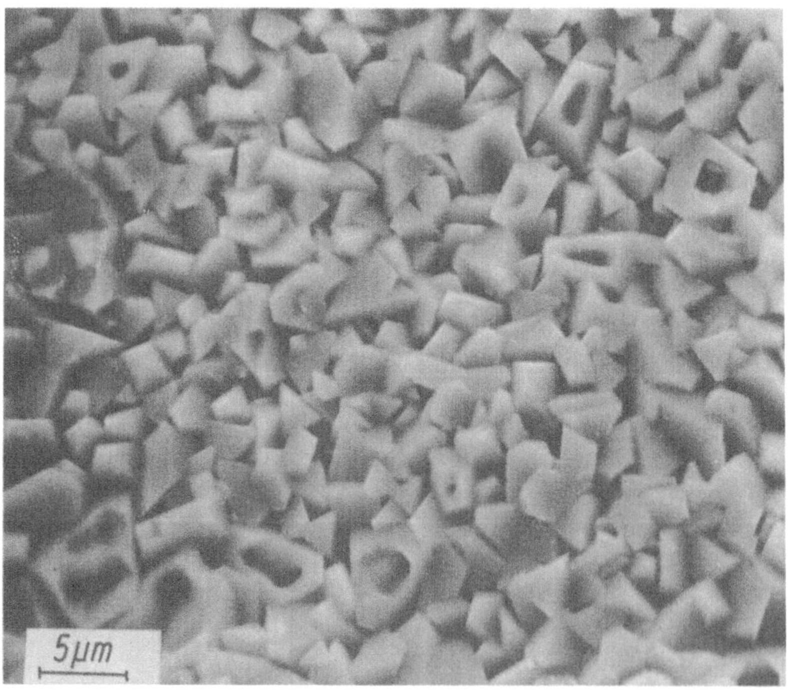

Abb. 64: Versuchsbedingungen wie bei Abb. 63; Cr_2O_3-Seite der Reaktionszone

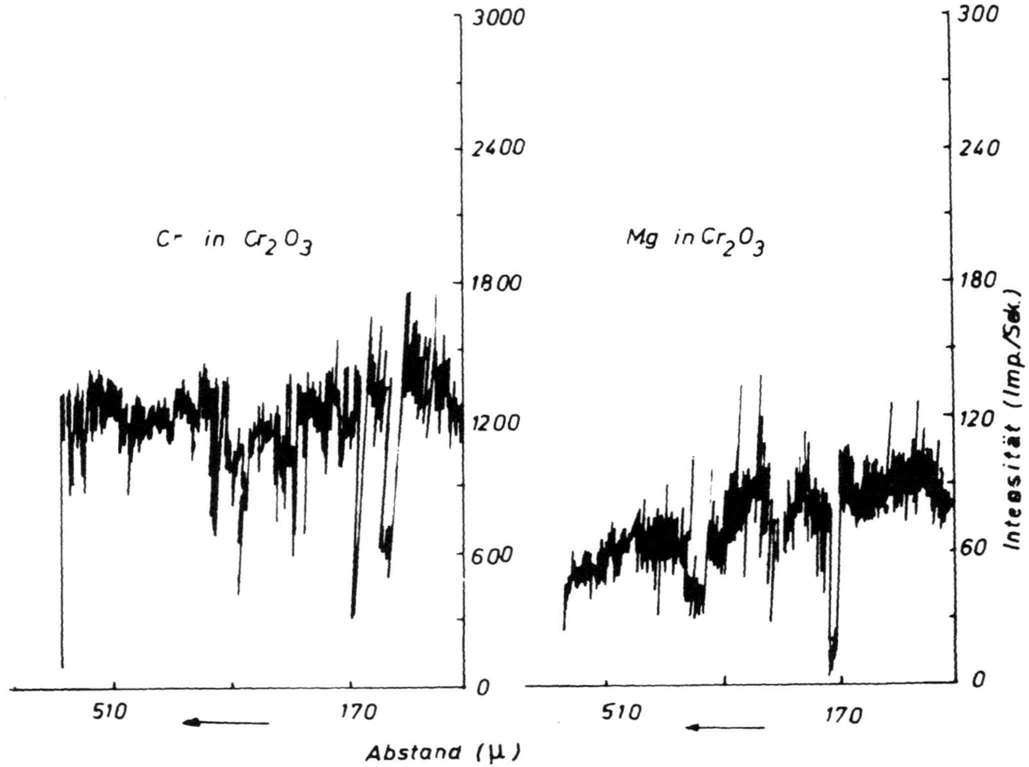

Abb. 65: Versuchsbedingungen wie bei Abb. 63; Line-Scan (Elektronenstrahlmikrosonde) der Cr_2O_3-Schicht von der Reaktionszone her

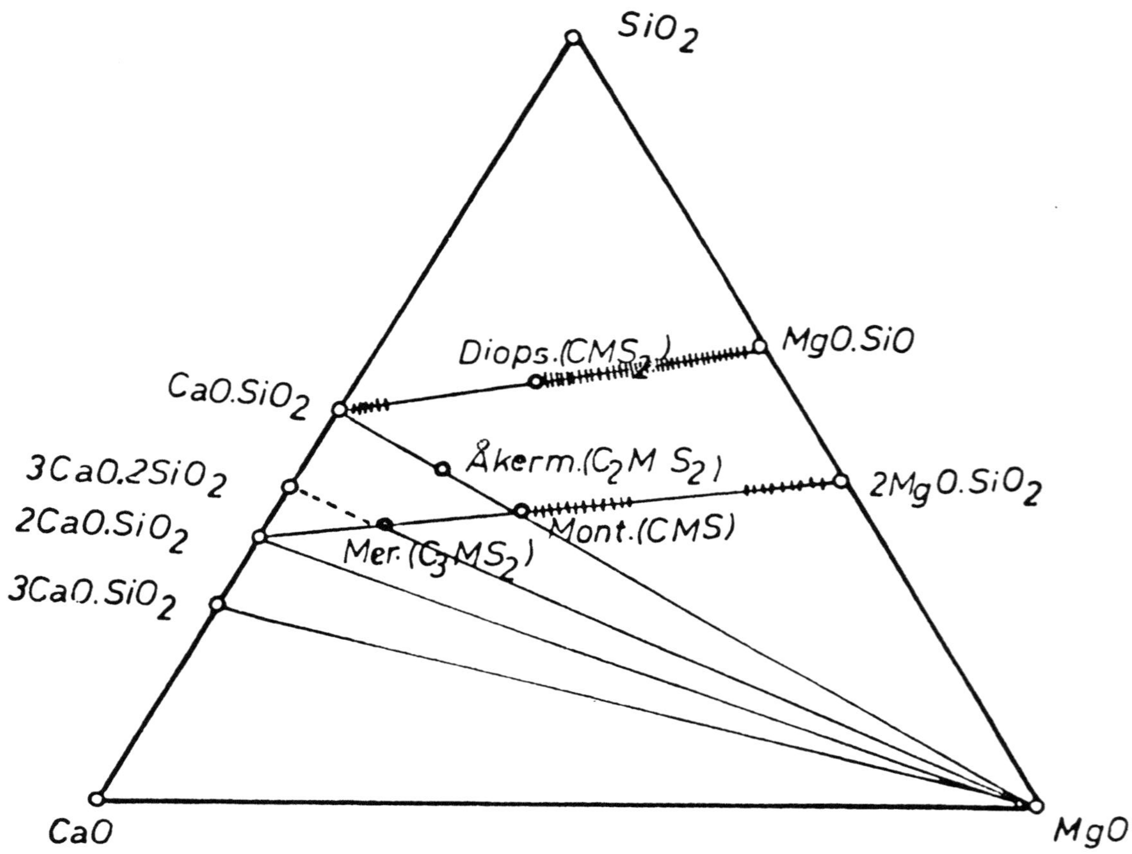

Abb. 66: Skizze des ternären Systems MgO - CaO - SiO_2

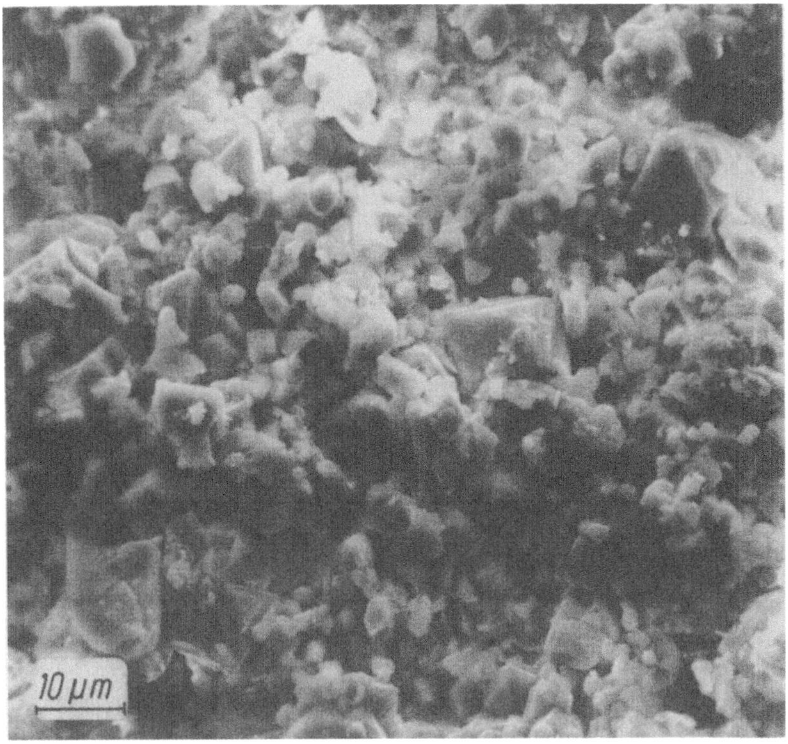

Abb. 67: REM-Aufnahme eines bei 1500°C 24 Stunden gebrannten Gemisches Cr_2O_3 - 2MgO . SiO_2 (Mol.-Verh. 2:1)

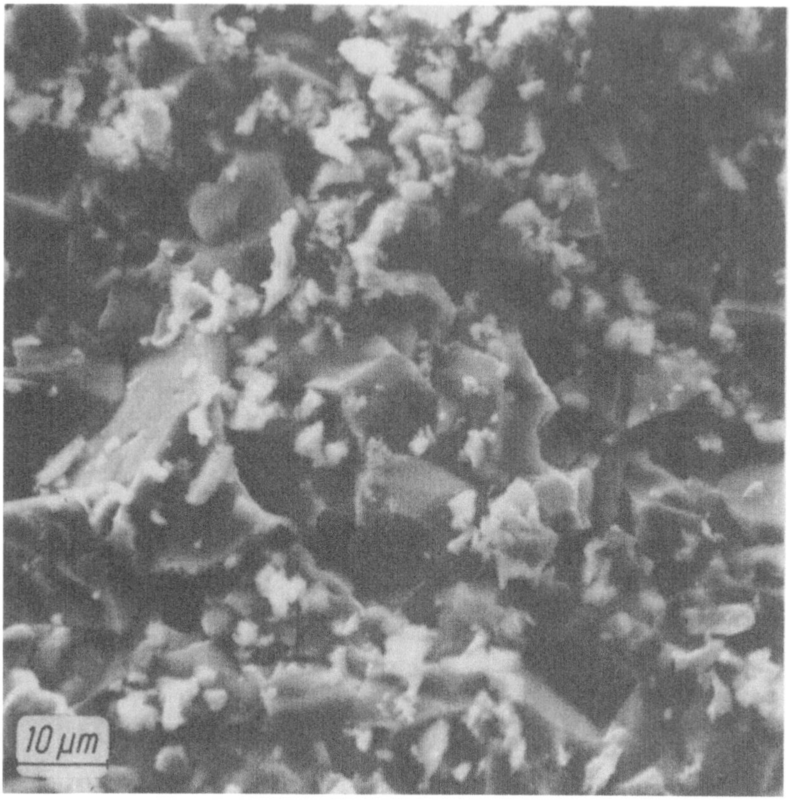

Abb. 68: REM-Aufnahme eines bei 1500°C 24 Stunden gebrannten Gemisches Cr_2O_3 - CaO · MgO · SiO_2 (Mol.-Verh. 2:1)

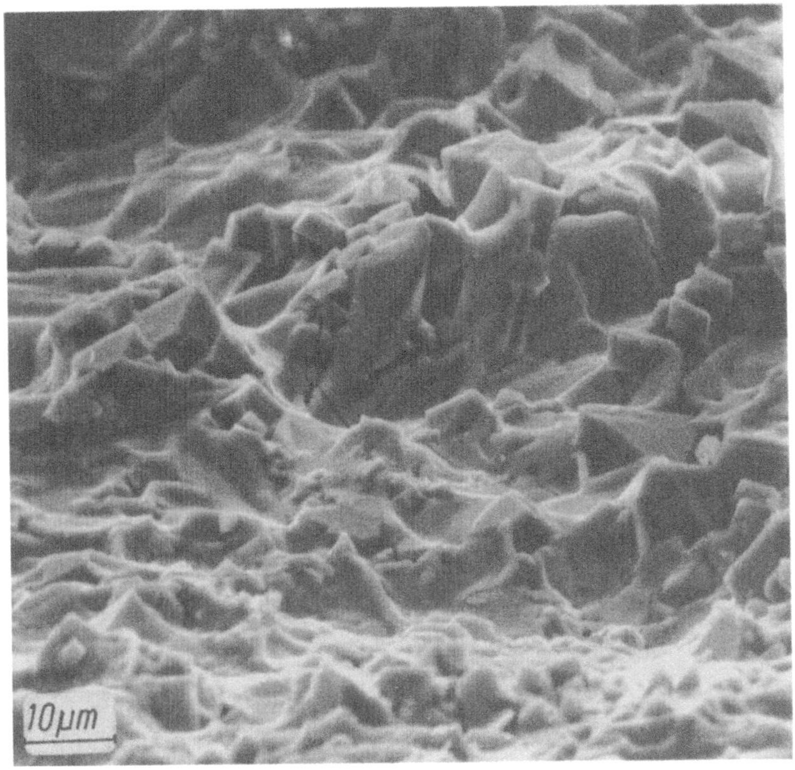

Abb. 69: REM-Aufnahme eines bei 1500°C 24 Stunden gebrannten Gemisches Cr_2O_3 - $3CaO \cdot MgO \cdot 2SiO_2$ (Mol.-Verh. 2:1)

Abb. 70: REM-Aufnahme eines bei 1500°C 24 Stunden gebrannten Gemisches Cr_2O_3 - 2CaO · SiO_2 (Mol.-Verh. 2:1)

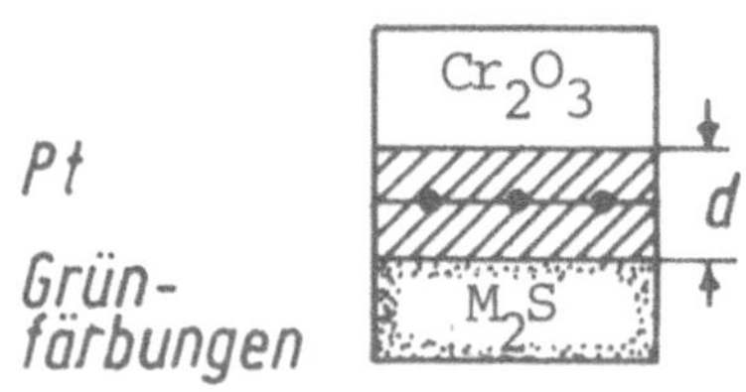

Abb. 71: Reaktion von Cr_2O_3 mit Forsterit bzw. Kalzium-Magnesiumsilikaten sowie Transport von Cr_2O_3 über die Gasphase

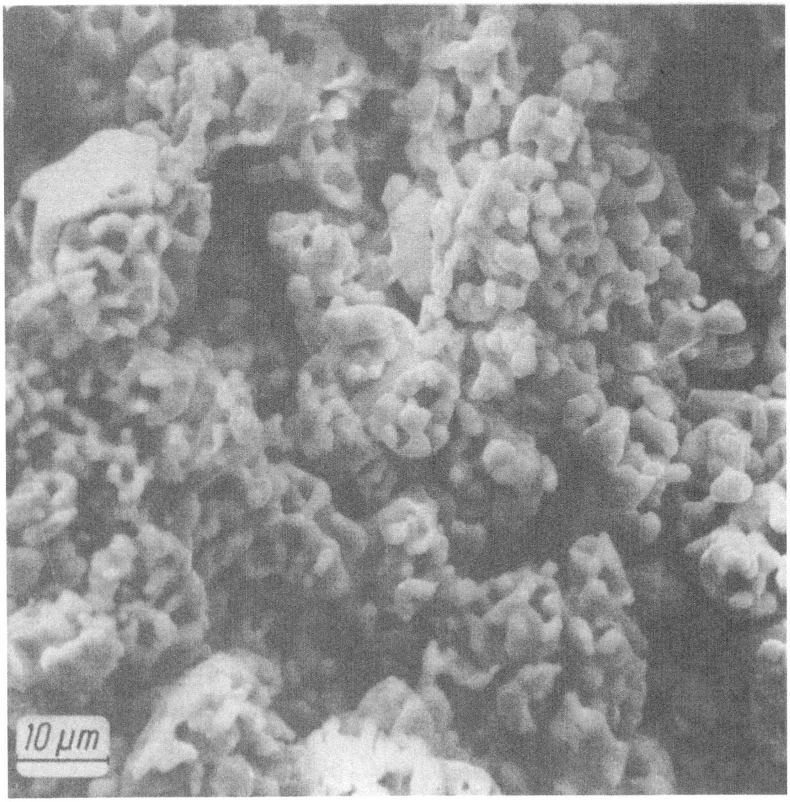

Abb. 72: REM-Aufnahme eines reinen Picrochromites nach Erhitzen auf 1400°C

Abb. 73: REM-Aufnahme eines reinen Picrochromites nach Erhitzen auf 1600°C

Abb. 74: REM-Aufnahme eines reinen Picrochromites nach Erhitzen auf 1700°C

Abb. 75: REM-Aufnahme eines reinen Picrochromites nach Erhitzen auf 1900°C

Abb. 76: REM-Aufnahme eines reinen Picrochromites nach Erhitzen auf 1900 °C

Forschungsberichte des Landes Nordrhein-Westfalen

Herausgegeben im Auftrage des Ministerpräsidenten Heinz Kühn
vom Minister für Wissenschaft und Forschung Johannes Rau

Sachgruppenverzeichnis

GPSR Compliance

The European Union's (EU) General Product Safety Regulation (GPSR) is a set of rules that requires consumer products to be safe and our obligations to ensure this.

If you have any concerns about our products, you can contact us on ProductSafety@springernature.com

In case Publisher is established outside the EU, the EU authorized representative is:

Springer Nature Customer Service Center GmbH
Europaplatz 3
69115 Heidelberg, Germany

Batch number: 10584556

Printed by Printforce, the Netherlands